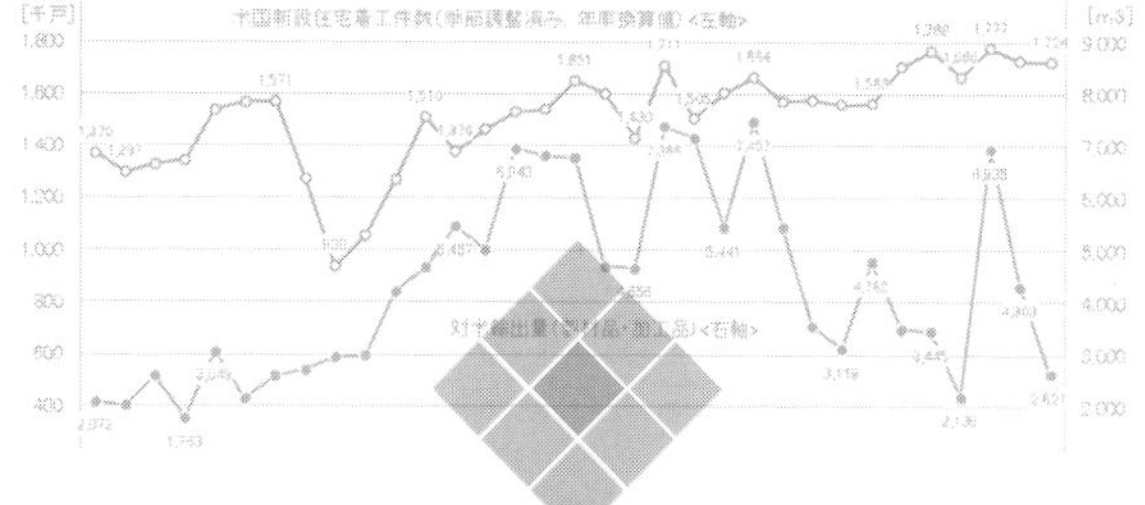

第3次

ウッドショックは何をもたらしたのか

木材価格、林業・木材・住宅産業への影響とゆくえ

遠藤 日雄 著
Kusao Endoh

全国林業改良普及協会

はじめに―本書の目的と話の進め方―

「ウッドショック」ってなに？どうして起きたの？　今後はどうなるの？

２０２１（令和３）年春頃から「ウッドショック」という言葉が東京・首都圏を中心とした木材・住宅産業界から新聞、雑誌、テレビなどを通じて頻繁に耳目を集めるようになりました。森林・林業・木材・住宅産業の話題がこれほどマスコミで取り上げられたのは前代未聞のことでしょう。

後に改めて詳述するつもりですが、「ウッドショック」とは米材（建築用の製材品や製材用丸太）の日本への輸入量が減ったため、米材依存率が高かった東京・首都圏の木材・住宅産業界がパニック状態に陥り、それが全国の森林・林業地や製材加工産地に波及したことをいいます（**注1**）。

それに伴い、建築用の製材品（柱、土台、桁などの構造材や羽柄材＝下地材）の価格が急騰しました。結果、住宅価格が上がりました。「衣食住」という言葉がありますが、私たちが生活していくうえで「住」は必要不可欠です。その重要な資材である木材の価格が急騰したのですから（注2）、「ウッドショック」ってなに？　どうしてそんなことが起きたの？これからも起きる可能性はあるの？という素朴な疑問が森林・林業・木材・住宅産業に馴染みの薄い方々にも湧き上がったのも当然の成り行きでした。

しかしマスコミの「ウッドショック」の取り上げ方には首を傾げたくなるような内容が少なくありませんでした。ある一面だけを誇張したり、なかには明らかに事実誤認の報道があったことは否めません。ニュースって所詮そんなものでしょうとクールな見方をする読者も少なくないと思います。しかしそれは違います。「ウッドショック」が起きた背景とそれがもたらした課題を事実に即してきちんと整理しておく必要があります。それは今後の日本の森林・林業・木材・住宅産業のあり方を考えるうえでも、また多くの国民の方々がそれに参画していただくためにもとても大切なことだと思います。

本書ではこうした視点に立ち、「ウッドショック」ってなに？　今回がはじめてなの？いったいどうしてこんなことが起きたの？　これからの日本の森林・林業・木材・住宅産業って大丈夫なの？といった読者の疑問にできるだけ丁寧に応えていくつもりです。

そもそもショックとは？

本論に入る前に「ショック」ってなに？　という読者の皆様の疑問に簡単にお答えしておきましょう。

そもそもショックとは予期しない事態に直面したとき、心に与えられる強い刺激、またはそれによって生じる動揺のことです。社会・経済分野におけるショックとは、例えば急激な株価の下落、市場の縮小、物価の高騰など社会に大きな混乱をもたらし、人々がパニック状態（**注3**）に陥ることを指します。

戦後日本の代表的なショックは？

戦後日本にもたらした大きなショックといえば、なんといっても「オイルショック」でしょう。１９７３（昭和48）年、中東産油国が原油価格を70％引き上げたことによって、わが国は「狂乱物価」といわれるようなインフレに見舞われ、日本経済は大混乱に陥りました（正確にいえば第1次オイルショックです）。当時、私は学生でしたが、どこのスーパーマーケットに行ってもトイレットペーパーがなく、右往左往したことを今でもはっきりと覚えています（実際には品不足ではなかったのですが、マスコミと口コミによる情報過多によって多くの消費者が踊らされる結果になったのでした）。「石油供給が途絶えれば、日本はモノ不足になるのでは？」という不安感が人々を買いだめ、買い占めに走らせたのでした。「米材の供給が途絶えれば、日本は住宅資材不足になるのでは？」といった今回の「ウッドショック」と一脈通じます。

その後起きたショックで衝撃的だったのは「リーマンショック」でしょう。２００８（平成20）年9月、米国の有力投資銀行・リーマンブラザーズが破綻し、それをきっかけ

写真1　リーマンショック直前の米国ワシントン州・シアトルの住宅販売

に広がった世界的な株価下落、金融危機、世界同時不況のことです。同社は低所得者向けの住宅ローン（サブプライムローン）を証券化して販売しましたが（**写真1**）、住宅バブルの崩壊とともに、結局、負債総額約６０００億ドル（日本円で約64兆円！　当時のわが国の予算〈一般会計〉は83兆円台でしたからその規模の大きさには驚愕です）という空前の破綻を招きました。リーマンブラザーズ社の破綻は連鎖的に大手金融機関の経営危機を招きました。住宅バブルの破綻だっただけに、今回の「ウッドショック」を考える際の参考になります。

リーマンショックは日本の森林・林業・木材・住宅産業にも大きな影響をもたらしました。**図1**は国産材の代表的な樹種であるスギ素材（丸太）生産量の推移を示したものです。２００２（平成

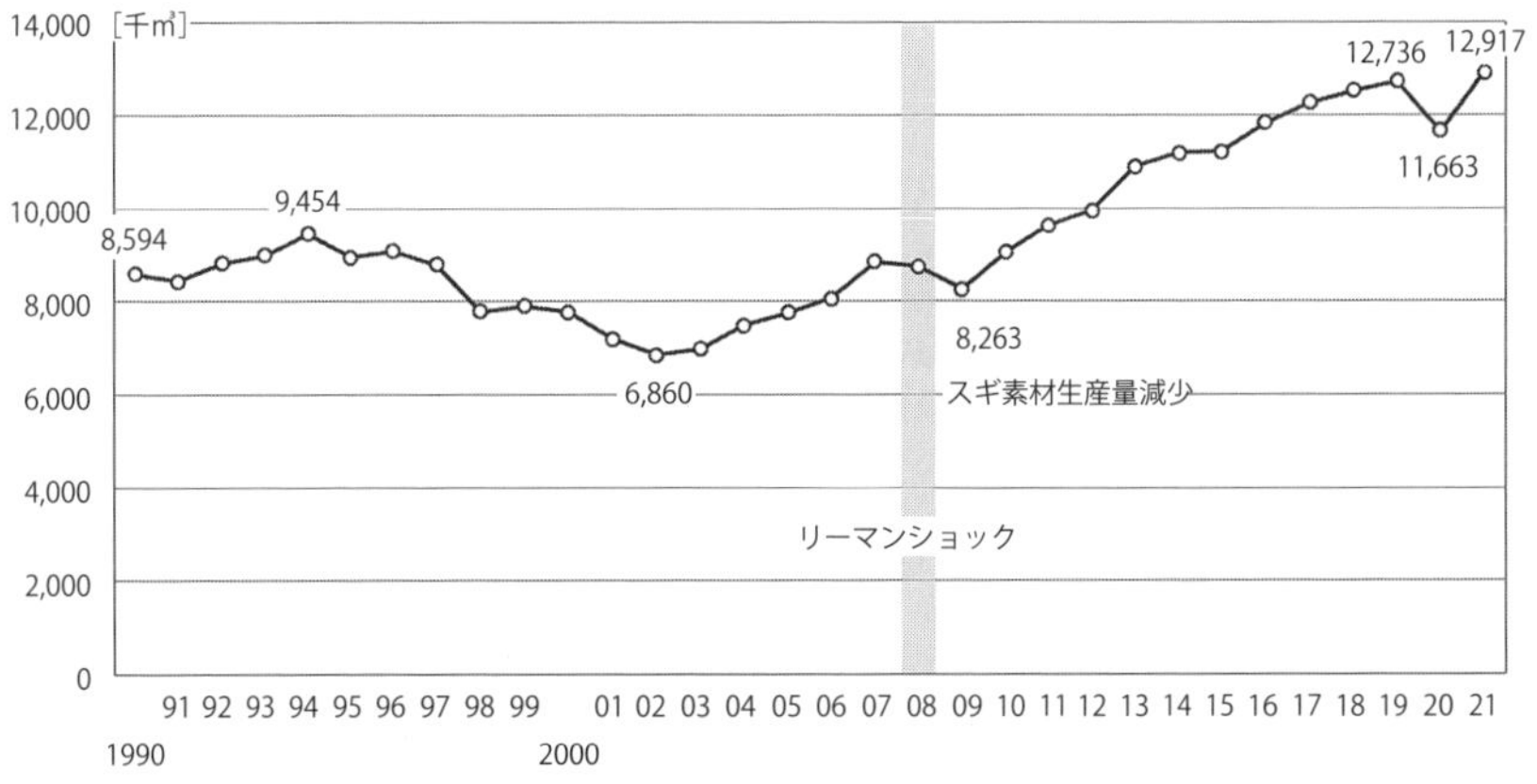

図1　スギ素材（丸太）生産量の推移
資料：農林水産省『木材需給報告書』

14）年をボトムに以後スギの素材生産量は増加傾向にあったのですが、リーマンショックが起きた翌2009（平成21）年にはスギの素材生産量の減少を余儀なくされました。この時期、わが国では「国産材時代」が到来するのでは？という林材業界からの期待が一気に高まっていただけに、それに水を差された結果になりました。ショックとはことほど左様に影響力は強いのです。

「第3次ウッドショック」の震源は米国

今回の「ウッドショック」は正確にいえば「第3次ウッドショック」です。そこで以下では「第3次ウッドショック」という言葉を使うことにします。今から振り返ると、ああ、あのときが「第1次ウッドショック」で、その次が「第2次ウッドショック」、その後が今回の「第3次ウッドショック」だったんだなあという感覚です。

この点、歴史を振り返るとよくわかります。第1次、第2次世界大戦しかり、第1次、第2次オイルショックも同様でした。

閑話休題。「第3次ウッドショック」の震源はアメリカ合衆国（以下、米国と略称）です。読者の皆様、本書を読み進めていくうえで、この点をどうか肝に銘じておいてください。「Newsweek・日本版」（2021〈令和3〉年6月25日付）は「ウッドショックは日本の木材需要が増えたのではなく、輸入木材が減って価格が平時の4倍に高騰」したからだと報じています。正鵠《せいこく》を得た指摘です。

補足しましょう。「第3次ウッドショック」は日本の住宅市場が拡大し、それに国産材（丸太・製材品）の供給が追いつけなくなって国産材価格が上がったのではないのです。あくまでも米材の輸入量が減ったために、東京・首都圏の住宅市場の建築用材の需給バランスが崩れ、それに伴って国産材（製材品・丸太・立木）価格が高騰したのです。

この視点・論点を外すと「第3次ウッドショック」がもたらしたわが国の森林・林業・木材・住宅産業の課題が完全にぼやけてしまいます。「第3次ウッドショック」の最中（2021年6月頃）、例えばスギ柱角（10・5㎝角、3m、KD）は11万円／㎥に急騰しました。「平時」は5万5000円／㎥が相場です。つまり倍に跳ね上がったのです。

同じ頃、九州のあるスギ材産地でスギ柱角（同）の東京・首都圏向け工場渡し価格が18万円／㎥という信じられない情報が入ってきました。「これが本来の国産材製材品の適正価格なんだ」という製材業者がいますが、そうでしょうか？　読者の皆様はどう思いますか？

人口に膾炙《かいしゃ》する『平家物語』の冒頭は「祇園精舎の鐘の声、諸行無常の響きあり。沙羅双樹の花の色、盛者必衰の理をあらはす。おごれる人も久しからず、ただ春の夜の夢のごとし。たけき者も遂にはほろびぬ、ひとえに風の前の塵に同じ」です。

私は「第3次ウッドショック」のなかで空前絶後の利益を上げ「盛者」を気取った国産材関連業者は今「風の前の塵」だと思っています。改めて「Newsweek」の指摘を私たち国産材業界は噛みしめるべきです。そうでないと「第3次ウッドショック」の総括ができないからです。

もう一度確認しておきましょう。「第3次ウッドショック」は米国で新設住宅着工件数が急増したため、同国の建築用木材の需給が逼迫し、それまで日本へ丸太や製材品を輸出していた北米のサプライヤーが「日本など構っていられるか！」とばかりにわが国への木材輸出を禁止、あるいは輸出量を著しく減少させた結果起きた現象なのです。

そのため東京・首都圏を中心として米材価格が急騰、それに伴って国産材製材品価格も高騰、さらに国産材丸太（スギやヒノキなど）や立木価格も上昇しパニック状態に陥ったのです。

本書の話の進め方

そこで本書の話の進め方ですが、第1に、米国でなぜ新設住宅着工件数が急増したのか、またその住宅需要拡大に米材（建築用材）が十分に供給できなかったのか、その理由について考えてみます。

本論で詳述しますが、私は「第3次ウッドショック」が起きた主因は米国のコロナ禍対策による金融緩和政策（低金利政策）であり、「第3次ウッドショック」が終わりを見せ始めたのは金融引き締め政策だったと考えています。つまり「第3次ウッドショック」の始まりも終わりもコロナ禍対策の金融政策（緩和と引き締め）だったと私は考えています（この点、本書で一貫する姿勢です）。

このようにいえば、では一貫して低金利政策を続けている日本で米国のような「第3次ウッドショック」が起きなかったと疑問をもつ読者が少なくないでしょう。そうです、ここがポイントです。彼我の違いがなぜ起きたのか？　この点を深掘りしていきたいと思います。

第2です。ではなぜ日本が米国の影響を受けて「第3次ウッドショック」が起きたのかについて詳しく見ていきたいと思います。ここが本書のもう1つのポイントになります。マスコミの報道とは違った私独自の考え方も示したいと思います。

第3です。「第3次ウッドショック」はまだ終わっていません。しかし国産材価格（製材品・丸太・立木）は、地域的に、また樹種別にも違いを見せながら、全体的には弱含みか保合《もちあい》（**注4**）で推移しています。往時の勢いは見られません。

それどころか東京、大阪、名古屋の埠頭では米材の在庫が増え続けています。東京・首都圏の外材輸入の玄関口とでもいうべき東京港15号地には約20万㎥という空前の外材製品

写真２　東京港15号団地は外材で満杯

が溢れています（**写真２**）。「米材が足りない足りない！」とあれほど日本中が大騒ぎをしていたのになぜこんな事態になったのでしょう？　それを考えてみましょう。そこには需要と供給では動かない日本の森林・林業・木材・住宅産業の課題が改めて浮き彫りにされます。

第４は「第３次ウッドショック」の震源地米国の住宅市場がシュリンクし始めたことです。コロナ禍対策の金融緩和政策からＦＲＢ（米連邦準備制度理事会。米国の中央銀行にあたります）は一転して金融引き締め策に転じました。住宅金利も上がり、米国民にとって住宅は「高嶺の花」になりました。住宅需要が減りますから当然、建築用材はだぶつきます。その米材をどう処理するのか、「アメリカファースト」から手のひらを返したように再び日本重視の姿勢に転じるシナリオも十分に考えられます。

ただ最近の円安・ドル高がどのような影響を与えるのか、考えてみたいと思います。

この外材輸入の動きは今後の国産材価格に大きな影響を与えそうです。というのも北米サプライヤーの対日木材輸出価格のQ４（第４クォーター：10～12月）の動きが気がかりだからです。もし北米サプライヤーが対日輸出価格を下げれば、日本国内にだぶついている外材の販売価格は下げざるを得ないでしょう。そろそろ「先」が見え始めた気がします。その「先」がどうなるのか、それを大胆に議論してみたいと思います。

そこで第５です。読者の皆様の最大の関心事は「第３次ウッドショック」後の国産材価格がどのようになるのか、これが最大の関心事だと思います。具体的には「ショック」前の水準よりワンランク上の価格体系が形成されるのか、あるいは「行って来い」（注５）になるのか、それとも暴落になるのか、それを現時点（２０２２年11月現在）で予想するのは容易ではありません。しかし、本書ではあえて私の考えを披露し、読者のご批判をいただきたいと思います。

この点、後に検討しますが、日本の人工林をどのように持続可能に経営していくのかという、多少大げさにいえば、日本の森林・林業経営の国運にもかかわることだと思います。ズバリ、スギの丸太の平均価格がいくらであれば、伐って植えて伐って植えていく持続可能な経営ができるのか、そこに大胆に踏み込みましょう。この問題をないがしろにしてＳＤＧｓのバッジを胸につけていても空しいとは思いませんか？

第６。「第３次ウッドショック」はいつ、どのような形で幕を閉じるのか？　正直、今の段階で私には断言ができません。それよりもむしろ私たちにとって大事なことは「第３

次ウッドショック」がもたらした課題を整理し、今後の木材価格、日本の森林・林業・木材・住宅産業がどうなっていくのかを考えるほうがより重要だと思います。本書のタイトルはそのような気持ちを込めてつけたものです。

どうぞ最後までお付き合いください。

注1：「ウッドショック」は米材だけでなく欧州材（ホワイトウッドやレッドウッド）の日本への輸入量減少も要因になっています。しかし本書では「ウッドショック」が発生した主要因を読者の方々に明らかにしたいので、米材に焦点を合わせて議論していきたいと思います。

注2：住宅資材の高騰は木材だけではありません。コンクリート、モルタル、システムキッチン、トイレ等々も同様です。結果、住宅価格は上がります。このため住宅を購入したいという人々のなかには住宅ローンの審査から外されるケースも出ています。

注3：開高健の小説に『パニック』という傑作短編があります。120年に一度しかないといわれるササが花を咲かせ実を結びました。その実はネズミの大好物です。ネズミたちは絶え間なく子どもを産み続けて膨大な数に繁殖してしまいました。結果、地域はパニック（大恐慌）に陥りました。大山鳴動してネズミ1匹ではなかったのです。「第3次ウッドショック」はこれと一脈通じる点が多々あると思います。大山鳴動後「ネズミ1匹」では収まらないでしょう。

注4：保合（もちあい）とは市況用語で、価格が動かず同じ水準を保っている状態のことをいいます。

注5：「行って来い」とは相場取引で損得を繰り返して、結局、差引勘定に変わりがないこと、つまり元の木阿弥のことを意味します。

目次

第Ⅱ部

「第3次ウッドショック」がもたらした日本の森林・林業・木材・住宅産業の課題とは？

第Ⅰ部

「第3次ウッドショック」の現状整理

「第3次ウッドショック」の前触れ

日本で「ウッドショック、ウッドショック」と新聞、雑誌、テレビなどのマスコミを介して騒がれるようになったのは2021（令和3）年3月に入ってのことでした。2月にはこのような言葉は耳にしなかったと記憶しています。

2021年2月19日（日本時間）、在シアトル日本国総領事館と米国ワシントン州商務局共催のウェビナー（Webinar：ウェブ〈Web〉とセミナー〈Seminar〉を組み合わせた造語）「気候変動対策としての森林保全及び木材製品利用・木造建築」（The Forestry & Wood－Product Industry and Climate Action in Japan and Washington－A irtual event on February 18〈2/19 Japan Time〉）が開催され、私は日本側からのスピーカーの1人として参加しました。

私の演題は「日本木材の特徴及び日本での木材利用例（Features and trends of Japanese wood use）」というもので、日本で米国向けのスギフェンスの輸出量が増え始めた実態とその背景を報告しました。日本産スギフェンスの対米輸出量が増えた背景には、米国の新設住宅着工件数が堅調に推移していることが挙げられますが、このセミナーの時点ですでに北米西岸の住宅用木材の需給が逼迫しているとは迂闊《うかつ》にも私は知りませんでした（後掲41頁**図Ⅰ・11**のように、米国では2020〈令和2〉年4月以降、新設住宅着工件数が増加し、それに伴って日本産スギフェンス〈**写真Ⅰ・1**〉の輸出量も増えています〈**注1**〉）。

シアトルは北米西岸最大の都市（**写真Ⅰ・2**）であるとともに、バンクーバー（カナダ・ブリテッシュコロンビア州。以下、BC州）と並ぶ製材産地でもあり、日本向けの製材品輸出も盛んに行われています。それだけにセミナーではワシントン州側のスピーカー（4名）から北米西岸の米材需給の逼迫についてのレポートがあってもよさそうなものでしたが、そうした情報はいっさい聞か

写真Ⅰ・１　対米輸出用の日本産スギフェンス

写真Ⅰ・２　シアトル市街遠望

れませんでした。

　今にして思えばシアトルセミナー当時、すでに北米西岸では変化が起きていたのです。セミナー直前の２０２１年2月5日に発行された「ナイス北米通信」（Vol. 655、ナイス・インターナショナル・カナダ）では、すでに北米の木材市場で「異変」が起きていることがレポートされているのです。すなわち「今週の北米（木材）相場は昨年9月に記録した15週平均最高値＄９５５／ＢＭ（ボードメジャー、後掲24頁**図Ⅰ・1**の※印参照）とほぼ同水準の＄９４０（同）まで上昇しました。12月度の米国新設住宅着工数（季節調整済み〈年率換算値〉）は１６６９千戸、また同建築許可数も１７０９千戸を記録するなど、過去2～3年の実績１２５０～１３００千戸を大きく上回っており、引き続き旺盛な春需要を見越した積極的な取り引きが（木材）相場を牽引しています。（こうしたなかで）現地相場と日本市場の相場乖離は、米松（ベイマツ）、米栂（ベイツガ）、ＳＰＦ（後述）と全ての樹種で広がっています。既に一部のサプライアーとはＱ２（第2四半期）価格交渉が始まっていますが、こうした北米相場を背景に（日本向け木材には）驚きのオファー価格にも反映しています」。

　また米国ワシントン州にあるマンケランバー社（**写真Ⅰ・3**）は２０２１年1月から日本向けの製材生産を無期限に停止すると発表しました（「日刊木材新聞」２０２０年12月3日付、日刊木材新聞社）。その理由は北米の製材市況の高騰に伴い丸太価格が急騰したこと、したがって日本向けの輸出は採算に合わないこと。そこで製材を米国に集中させて生産性の向上を目指すというのが理由でした。「日本など構っていられるか、米国ファーストだ！」ということだったんでしょう。

注1：その背景については以下の文献を参照してください。
　遠藤日雄「シリーズ　新たなステージに入ったスギフェンスの対米輸出(1)－突然始まったスギフェン

写真Ⅰ・３　マンケランバー社の製材品

スの対米輸出」（『山林』№１６４２、２０２１年３月号）、「同⑵－スギフェンス日米協議エピソード挿話」（同№１６４３、２０２１年４月号）、「同⑶－米国住宅市場の過熱は『新型コロナバブル』⁉」（同№１６４４、２０２１年５月号）、「同⑷－スギフェンスの対米輸出は日本の林材業展開にどのような意味をもっているのか？」（同№１６４５、２０２１年６月号）。特に本書の内容と関連が深いのは⑶と⑷です。

前触れの「先」を読めなかった日本の森林・林業・木材・住宅産業界

　ではこうした前触れがあったにもかかわらず、なぜ日本の木材・住宅市場ではその対策が講じられなかったでしょう。じつは近いうちに日本で「第3次ウッドショック」が起きるのではといった予測がほんの一握りの木材・住宅企業で行われていました。私が懇意にしている西日本の大規模国産材製材工場の社長もその数少ないうちの１人でした。２０２０（令和２）年で「第３次ウッドショック」が起きると予測、原木市場のセリに積

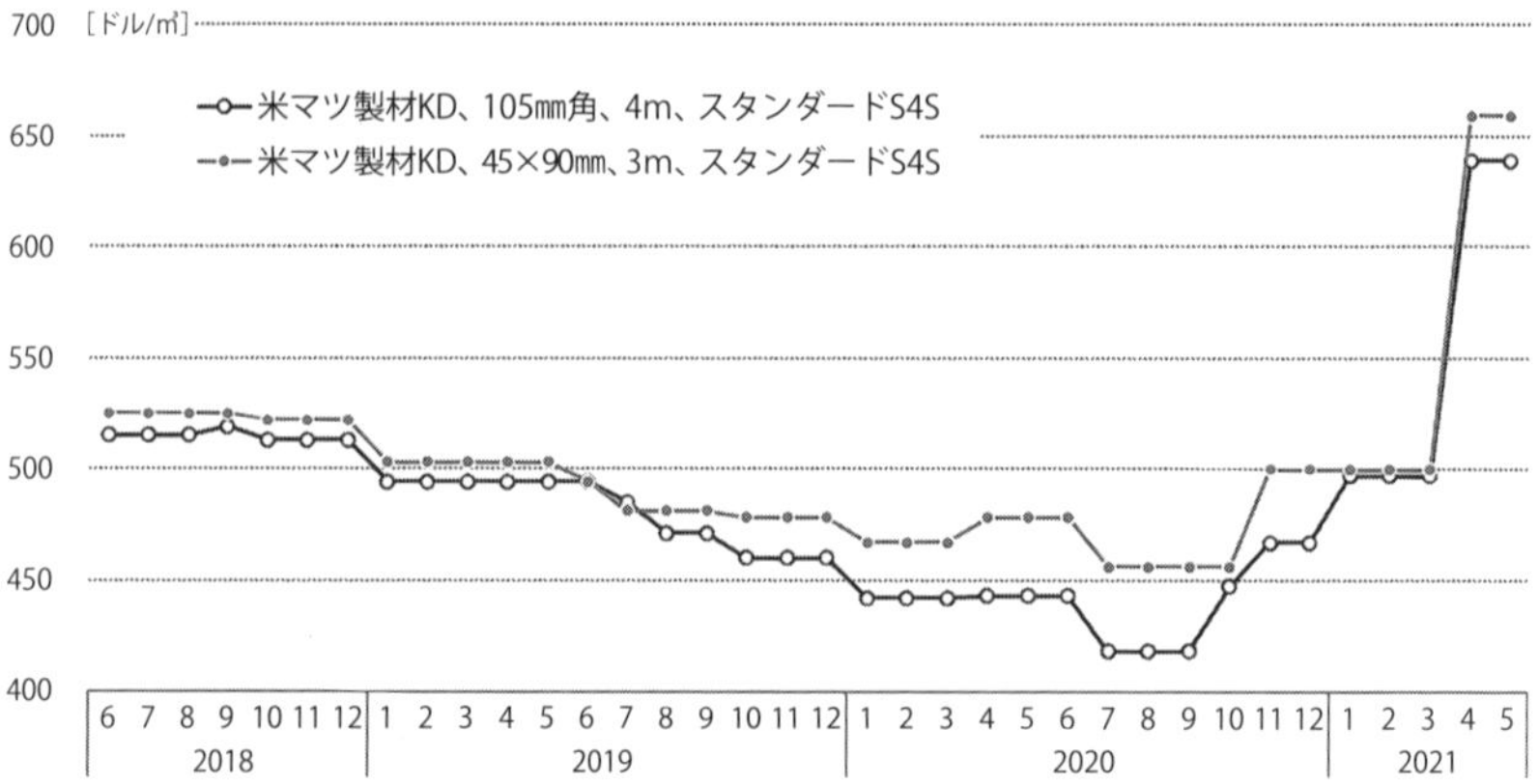

図Ｉ・１　米マツ製材品価格推移（受渡し条件：Ｃ＆Ｆ）
出所：木材建材ウイクリー
※2017年１月から単位が㎥からボードメジャー（1000BM）へ変更になった。
過去分を2.36の係数で変換している。

極的に足を運びスギやヒノキの丸太を買い集めたそうです。セリに参加した多くの買方（入札者）は「なんであの社長、この頃頻繁にセリに来るんやろ？」と訝《いぶか》しがったそうです。おかげでこの製材工場は大量の製材用丸太を在庫として持てたので「第3次ウッドショック」の影響はほとんど受けなかったそうです（当の社長の弁）。

しかし、ほとんどの森林・林業・木材・住宅産業の関係者は前触れの「先」を読めませんでした。米材価格が上がっても一時的なものでそのうち元に戻るだろうと楽観視していたのです。次の堀川智子・中国木材社長（当時、現会長）の弁がその最大公約数的なものではないでしょうか。すなわち「（コロナ禍の影響で）米松産地価格（**図Ｉ・１**）も先行き下がると見込んでいた。ところが、そこが一番の予想外で、まさか多くのコロナ感染者が出ているにもかかわらず（米国の）住宅着工は順調に伸び、8月から丸太価格が値上がりするとは思ってもいなかった。この予想が一番外れてしまい、その後……米松マーケットの景色が一変した」（「木材建材ウイクリー」№２２８５、２０２１年11月11日、日刊木材新聞社）。

堀川智子社長といえば、わが国の木材・住宅業界では頭脳明晰な女性経営者としてあまねく知れわたっています。加えて中国木材には米材に関する情報が豊富にあったはずです。その智子社長ですらこのように楽観視していたのです。いわんや（私を含めて）……。

ところで、智子社長の弁には「第３次ウッドショック」がなぜ起きたのかを考えるうえで貴重なヒントが隠されていますが（傍点の部分です）、それは後に改めて考察したいと思います。

米マツ丸太・製材品価格は２０２０年Ｑ４から上昇

以上を整理してみましょう。

第１は、すでに述べたように２０２０（令和２）年４月以降、米国の新設住宅着工件数が増加し、木材需要が増大し、これが北米西岸の木材相場を牽引していること。

第２は、しかし北米西岸の木材価格高騰を即日本向け輸出価格に転嫁できないので、Ｑ２（第２四半期）価格交渉で北米西岸の相場を反映させた木材価格を日本へオファーしようというものです。つまりＱ２（４～６月の３ヵ月）で日本へ輸入される木材（製材品や丸太）価格が急騰したのです。

それを**図Ⅰ・１**が如実に示しています。この図は米マツ製材品価格の推移を示したものですが、２０２０年Ｑ４（第４四半期）に入って徐々に上がり始め、２０２１（令和３）年のＱ２に入ると急騰していることが確認できます。日本で「ウッドショック、ウッドショック」と騒がれ始めたのが２０２１年３月からですから、この図と符号します。

一方、米マツ丸太価格は２０２０年のＱ４（第

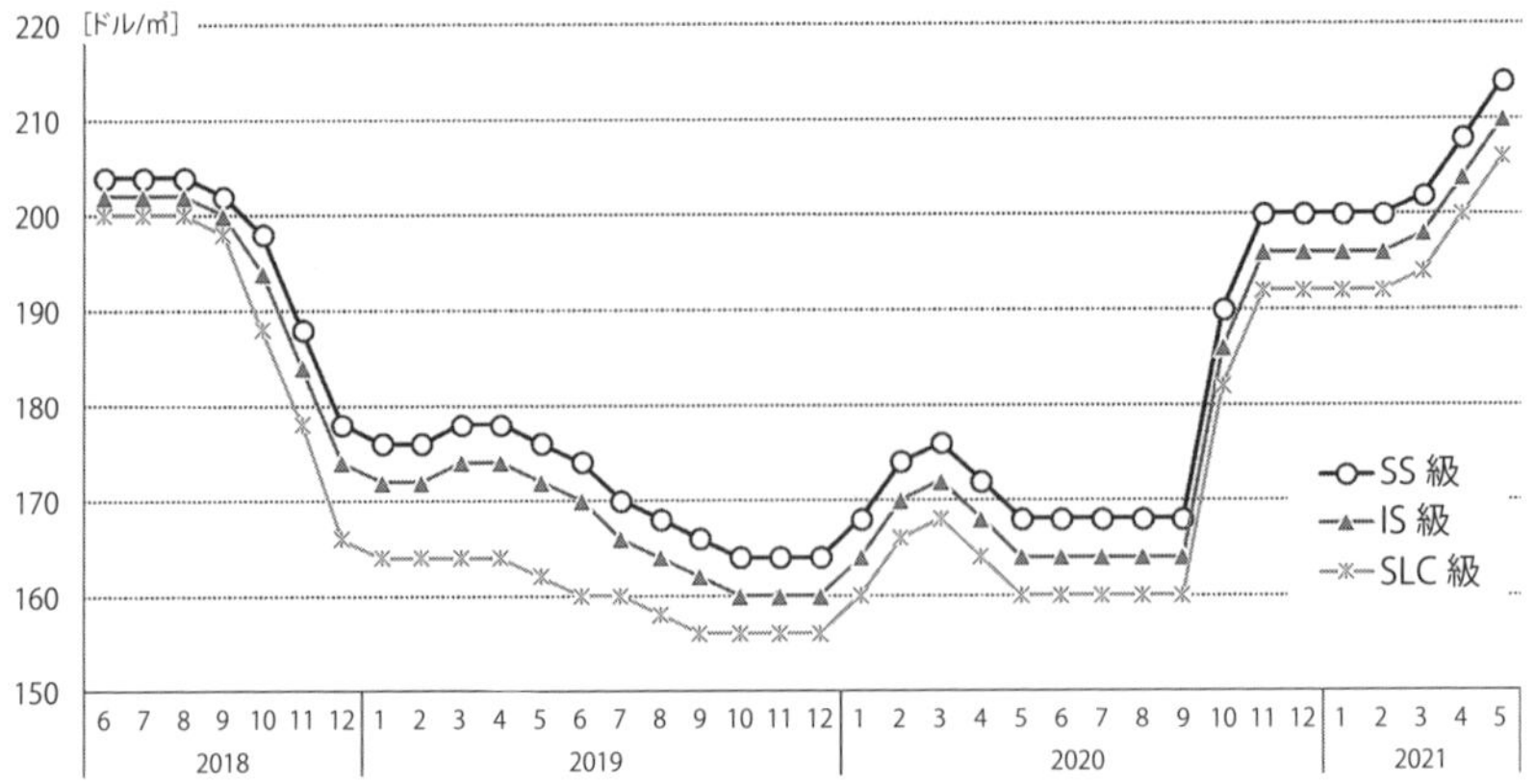

図Ｉ・２　米マツ丸太価格推移（産地：北米西岸、受渡し条件：ＦＡＳ）
出所：木材建材ウイクリー
※元データの単位はスクリブナー（1000BM）、５で割って簡便的に㎥変換している

４四半期）から上昇しています（**図Ｉ・２**）。わが国米マツ製材最大手の中国木材・堀川智子社長が「（コロナ禍のなかで）これほど急騰するとは思わなかった」との弁はこのことを指しているのです。

「第３次ウッドショック」はなぜ起きたのか？　現状は？そして終わりはいつ？

　ではなぜ「第３次ウッドショック」は起きたのでしょうか。その背景を探るのがこの第Ｉ部の第１の目的です。

　第２は「第３次ウッドショック」が日本の森林・林業・木材・住宅産業のどこにどのような形で影響を与えたのかを考えてみたいと思います。というのもマスコミの「第３次ウッドショック」の報じ方にはある共通性が見られるからです。それは今回の「ショック」が日本全国津々浦々で同様に起きている現象だという報じ方です。私はこれには違和感を禁じ得ません。「第３次ウッドショック」は明らかに地域差を伴って現出しているというのが私の見立てだからです。そのことを疎かにすると「第３次ウッドショック」後の日本の森林・林業・木材・住宅産業のあり方を議論する場合、論点がぼやけてしまいます。それを明らかにしたいので第2の課題を設定しました。

第3の目的は「第３次ウッドショック」がいつどのような形で結末を迎えるのかということを予想することです。この点、読者の方々も興味津々でしょう。特に国産材価格がどのようになるのかが最大の関心事といっても過言ではないでしょう。その予想は容易ではありません。というのも私は「第３次ウッドショック」が本当に実需と結びついた「ショック」なのかどうか疑わしいと思っているからです。

カナダのビジネス紙FINANCIAL POST（２０２１年4月21付）は「Lumber Party : Prices soar on booming home sales」と題する記事を載せました。私は「Lumber Party」を「木材業界の『宴』」と和訳してみました。「宴」もたけなわになると浮かれ始めるのは古今東西、世の常です。私たちが警戒しなければならないのは「宴」の後です。これは日本の森林・林業・木材・住宅産業界がこれからどうなっていくのかを考えるうえでとても重要なことだと思います（マスコミは「第３次ウッドショック」を住宅にウエイトを置き、森林・林業は等閑視する傾向が強いのですが、そうではありますまい）。それを短・中・長期的な面から私見を披露してみようと思います。

以上３つの課題にアプローチする際、「環太平洋地域」という視点を設定してみます。このことによって「第３次ウッドショック」がなぜ起きたのか、日本の立ち位置は今後どうなるのかという問題がより鮮明になると思うからです。

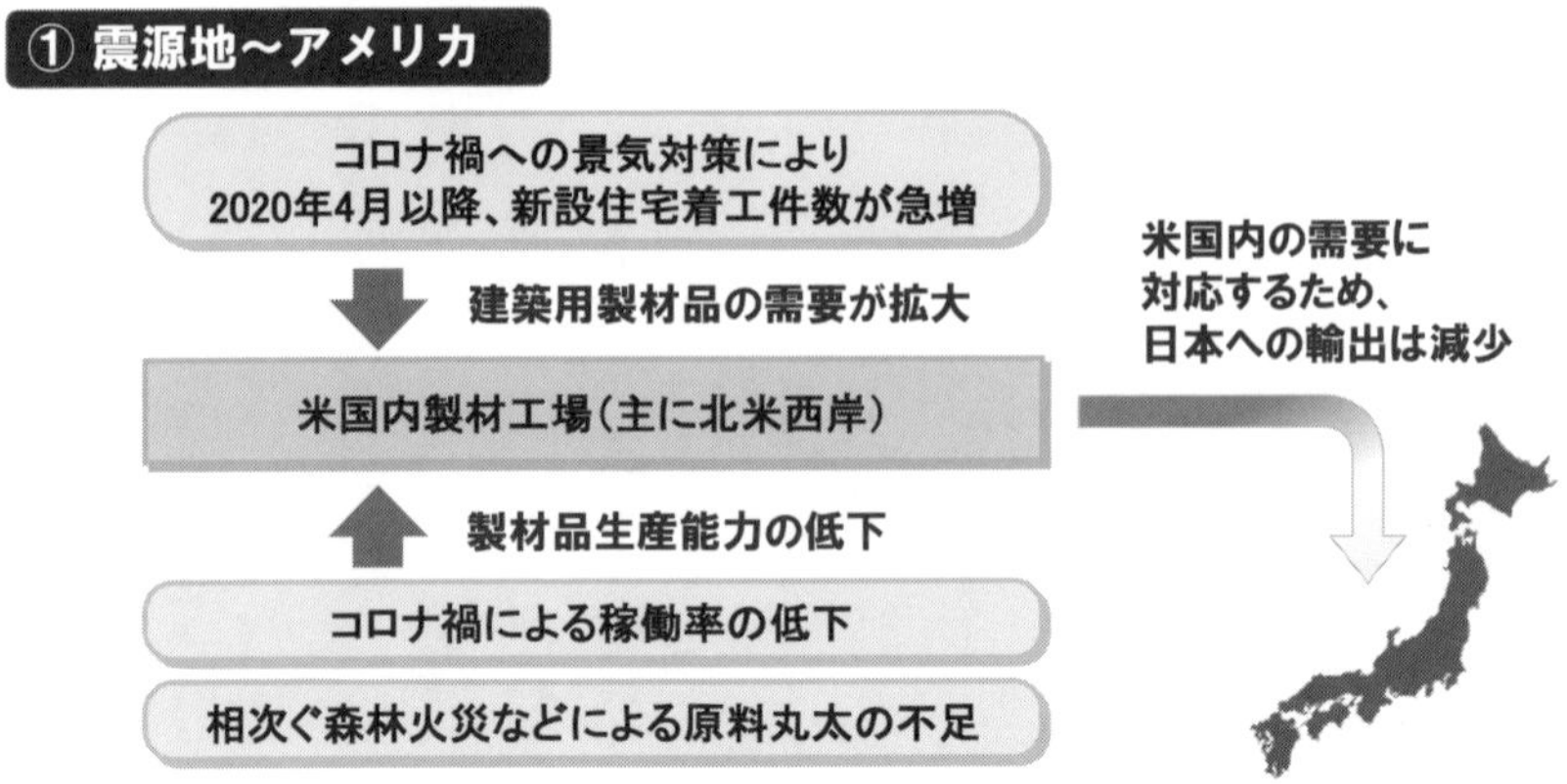
① 震源地～アメリカ
コロナ禍への景気対策により
2020年4月以降、新設住宅着工件数が急増
建築用製材品の需要が拡大
米国内製材工場（主に北米西岸）
製材品生産能力の低下
コロナ禍による稼働率の低下
相次ぐ森林火災などによる原料丸太の不足
米国内の需要に
対応するため、
日本への輸出は減少

図Ⅰ・3　「第3次ウッドショック」の要約①

「第3次ウッドショック」の大筋

「第3次ウッドショック」は複雑な要因が重なって起きました。そこで本論に入る前に、「第3次ウッドショック」はなぜ起きたのか、そしてそれが日本のどこにどのような影響を及ぼして今日に至ったのか、その大筋を前もって説明しておきましょう。そのほうが読者の理解を深めるうえで大切なことだと思いますので。その際、主因と副因を意識したいと思います。複雑な要因にも軽重があるからです。

図Ⅰ・3をご覧ください。

❶「第3次ウッドショック」の震源は米国です。2020（令和2）年4月以降の新設住宅着工件数が急増したからです（コロナ禍対策の金融緩和政策が主因です）。

❷これに伴い住宅建築用製材品の需要が拡大します。

❸この製材品を供給するのは主として北米西岸の

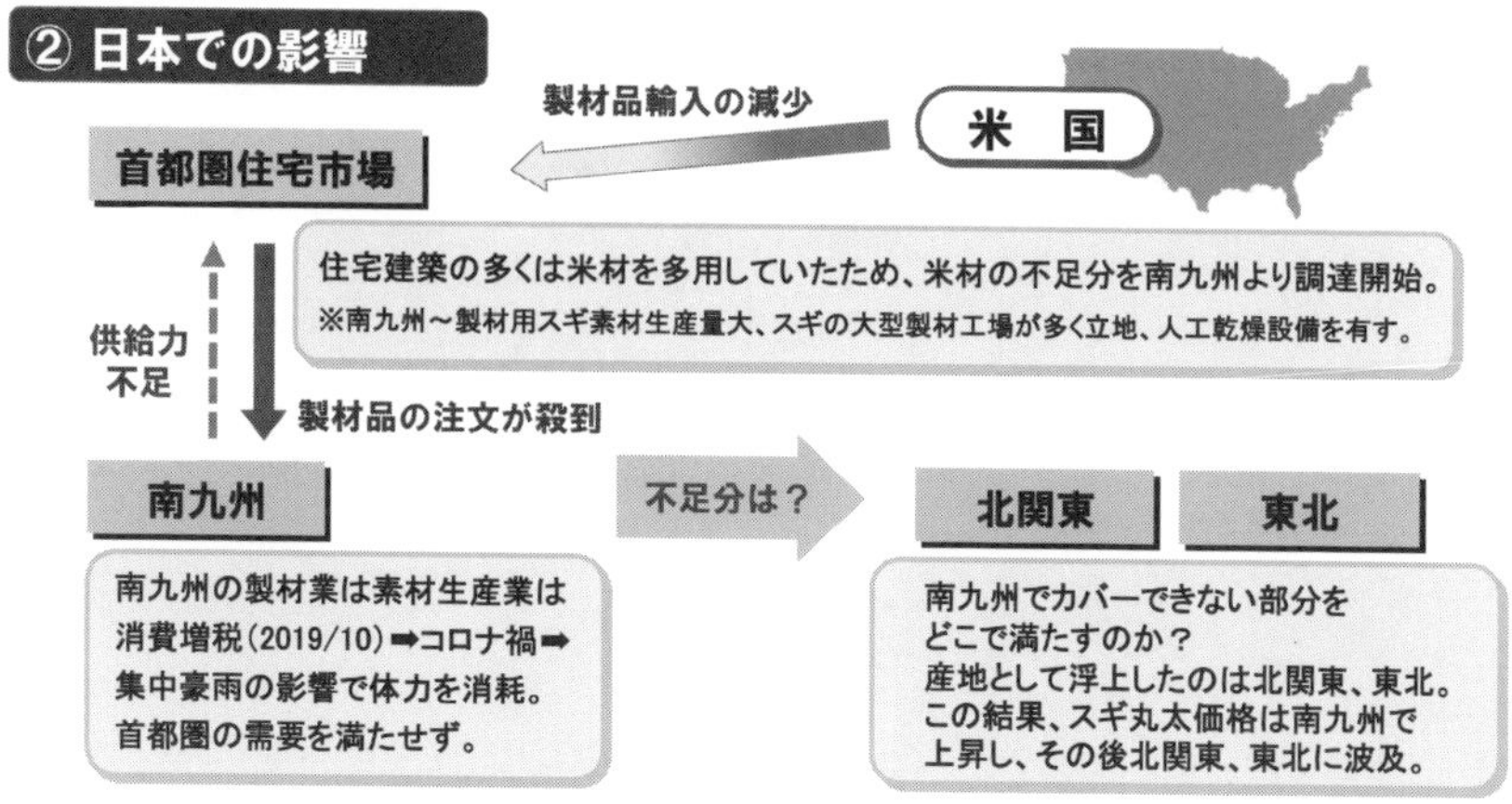
② 日本での影響
製材品輸入の減少
米 国
首都圏住宅市場
住宅建築の多くは米材を多用していたため、米材の不足分を南九州より調達開始。
※南九州～製材用スギ素材生産量大、スギの大型製材工場が多く立地、人工乾燥設備を有す。
供給力不足
製材品の注文が殺到
南九州
不足分は？
北関東
東北
南九州の製材業は素材生産業は
消費増税（2019/10）➡コロナ禍➡
集中豪雨の影響で体力を消耗。
首都圏の需要を満たせず。
南九州でカバーできない部分を
どこで満たすのか？
産地として浮上したのは北関東、東北。
この結果、スギ丸太価格は南九州で
上昇し、その後北関東、東北に波及。

図Ⅰ・4 「第３次ウッドショック」の要約②

製材工場なのですが、コロナ禍によって製材生産能力が低下したり、相次ぐ森林火災などによって需要を満たすだけの製材品供給ができませんでした。

❹前にも触れましたが、もともと米国西岸の製材工場や木材サプライヤーは日本へ製材品や丸太を輸出していましたが、米国内の木材需給が逼迫したため日本など構っていられない状況になり、わが国への米材丸太や製材品輸出量が減少しました。

次に日本への影響です。**図Ⅰ・４**をもとに整理してみましょう。

❶米材輸入量減少の影響をもろに受けたのが東京・首都圏の住宅市場でした。というのもこの地域の住宅建築の多くは米材を多用していたからです（日本全体では外材と国産材の比率は６：４ですが、東京・首都圏の場合は８：２くらいになりますから木材市況に大きな影響を与えます）。

❷そこで米材の不足分を日本国内のどこの産地で

カバーするのかということになりましたが、注目されたのが南九州でした。それというのも製材用スギ素材生産量が多く、スギの大型製材工場がたくさん立地し、さらに人工乾燥設備もそれなりに整えていたからです。

❸結果、南九州の産地にスギ製材品の注文が殺到します。しかし南九州の製材業や素材生産業は消費増税（2019年10月）→コロナ禍→集中豪雨の影響で体力を消耗し、東京・首都圏からの注文に十全に応えることはできませんでした。

❹では、南九州でカバーできない部分をどこの産地に求めるのか？　北関東、南東北・北東北です。スギ丸太価格がまず南九州で上昇し、やがてタイムラグを伴って北関東→南東北→北東北に波及したのはそのためです。

東京・首都圏の羽柄材、構造材の樹種

米材価格の高騰は、東京・首都圏の住宅市場を直撃しました。このことをもう少し詳しく見ておきましょう。

木造軸組構法で家を建てる場合、柱、土台、梁などの構造材とタルキやヌキなどの羽柄材に大別されます（このほか内装材も使われますが、「第3次ウッドショック」は構造材と羽柄材に大きな影響を与えたので内装材は省きます）。

ところで東京・首都圏の住宅で使われている羽柄材の樹種を見ると**図Ⅰ・5**のようになります。まずヌキ・胴縁ですが国産材スギGR（グリン材。未乾燥）が多用されているため「第3次ウッドショック」の影響は軽微でした。「ショック」の影響が極めて大きかったのはタルキです。というのもタルキには米マツKD（人工乾燥材）、米ツガKDが多く使われているからです。このほか野縁がありますが、これはロシアアカマツKDがメインとなっています。羽柄材にはこのほか柱と柱の間に使う間柱や筋交いがあります。ここではホワイトウッドなど北欧材が多く使われていま

【ヌキ・胴縁】：　国産材スギGRがメイン
→「第３次ウッドショック」の影響は軽微（値上げ幅小さい）。

【タルキ】：　米マツKD、米ツガKD、ロシアアカマツKD
→「第３次ウッドショック」の影響大。スギKD材が納入できる製材工場に注文が殺到。

【野縁】：　ロシアアカマツKDがメイン

【筋交い・間柱】：　北欧材KDが中心
→「第３次ウッドショック」の影響大→代替材としてのスギへ注文殺到。ただしKDが要件なので九州に集中。

図Ⅰ・5　東京・首都圏の羽柄材市場（都内大手市売問屋調べ）

す。この北欧材の日本への輸出量が減ったので「第３次ウッドショック」の影響がさらに大きくなったのです。

一方、構造材の柱ですが、ご存知のようにホワイトウッド集成管柱が大きなウエイトを占めています。これも大きな影響を受けました。北欧材の日本への輸出量が減った背景には中国の存在がありますが、中国を視野に入れると問題がややこしくなるので、本書の最後で「環太平洋地域」という視点で整理してみたいと思います。

米材の代替材として白羽の矢が立ったのは？

こうして東京・首都圏の住宅市場では米材羽柄材やホワイトウッド集成管柱の品薄が顕著になりました。需給バランスが崩れるので価格は当然上がります。外材の代替材を日本国内に求めざるを得ません。

ここで本書を進めるうえで読者の皆様に再確認しておきたいことがあります。「はじめに」でも述べたように「Newsweek・日本版」（2021年6月25日）は「ウッドショックは日本の木材需要が増えたのではなく、輸入木材が減って価格が平時の4倍に高騰」したからだと指摘しています。そのとおりで「第3次ウッドショック」は日本国内の住宅需要が旺盛なために発生したものではありません。むしろ日本の住宅市場は消費増税（2019年10月）やコロナ禍のなかで停滞気味で推移していたのです。この点をどうぞお忘れなく。この「Newsweek」の指摘をないがしろにすると「第3次ウッドショック」後の日本の森林・林業・木材・住宅産業はどうなるのかという本書のタイトルがぼやけてしまいます。

さて「第3次ウッドショック」の前触れの「先」を読めなかった東京・首都圏のプレカット業者や製材品問屋は慌てました。外材が減った分を国産材でカバーしたいが、さてどこの産地が頼りになるのか。自分たちには情報が少ないので結局商社にすがるほかありませんでした。彼らは日本地図を俯瞰しながら候補産地を考えました。その結果、白羽の矢が立ったのが南九州（大分、熊本、宮崎、鹿児島の4県）でした。

図I・6をご覧ください。九州にはこれだけの大規模国産材製材工場が立地しているのです。もちろん北関東から南東北・北東北にかけてはトーセングループ（栃木・群馬など）、二宮木材（同）、協和木材（福島）、庄司製材所（山形）、山大（宮城）、門脇木材（秋田）など錚々《そうそう》たる製材工場が立地しています。しかし産地としてまとまり、外材不足を補う製材品の量を見込めるのは南九州のほうがベターでしょう。

南九州の国産材製材業の特徴はスギのムクの製材が多いことです（集成材は中国木材日向工場と同社系列の伊万里事業所くらいなものです）。しかもスギ製材品の多くは九州で消費されています。もともと九州の住宅建築ではスギが多く使われ、

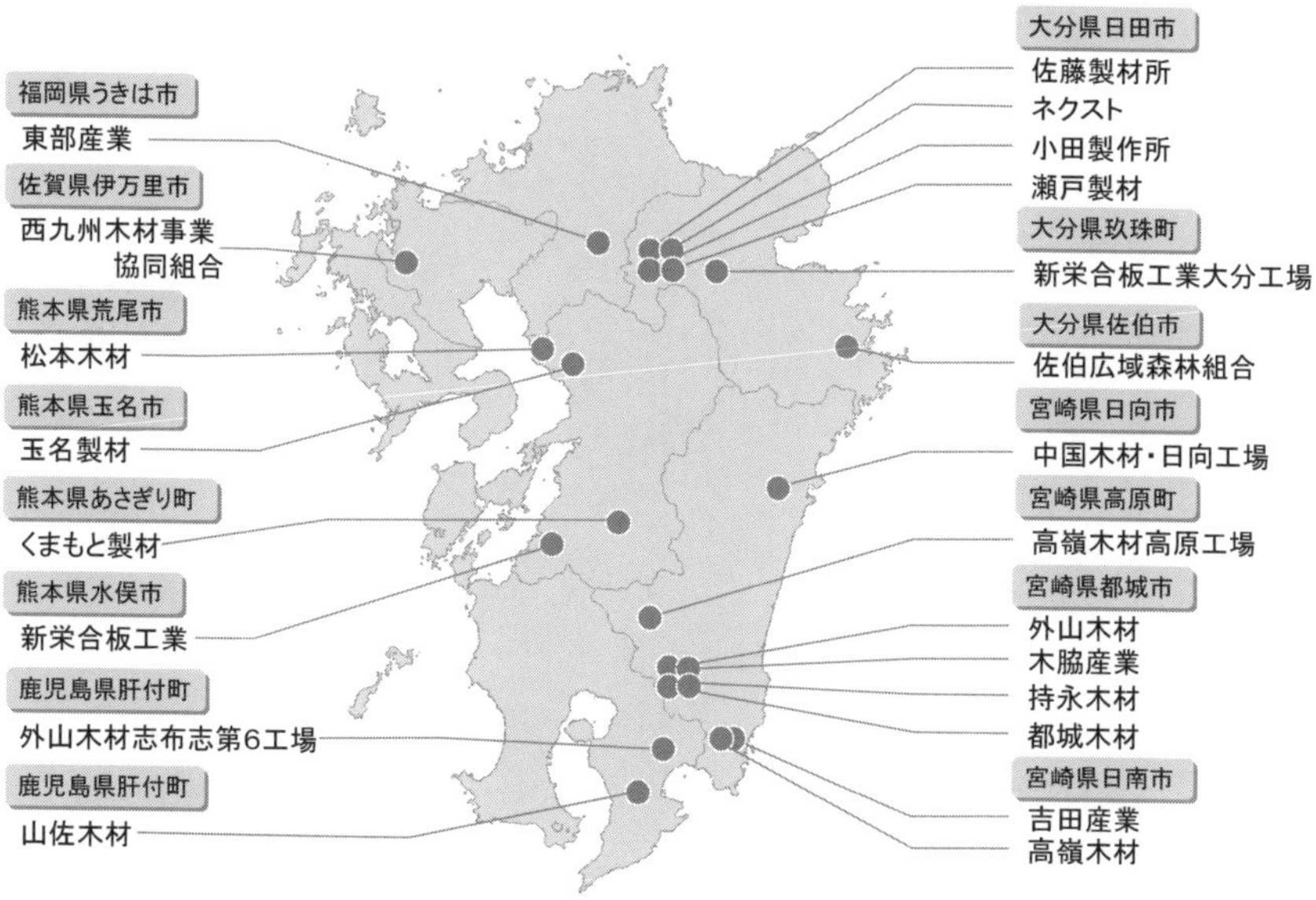

図Ⅰ・6　九州における国産材丸太消費量5万m^3／年以上の製材・合板工場

南九州ではオールスギの家も珍しくありません。

先述のタルキや筋交い・間柱（外材）の代替材として九州のスギはうってつけだったのです。もちろん北関東・南東北・北東北の製材産地と比べて東京・首都圏市場に遠いというハンディを背負ってはいますが、そんなことを言っている場合ではありません。結果、南九州の国産材製材工場には注文が殺到しました。

スギ材産地日田地域の「第3次ウッドショック」への対応

国産材製材品価格アップにつられて、当然、製材用丸太価格も上がります。それを大分県日田産地で検証してみましょう。南九州には都城（宮崎県）というわが国屈指のスギ製材産地がありますが、ここで日田産地を選んだのにはそれなりの理由があります。

第1は都城と並ぶわが国有数のスギ材産地ということです。最盛期には150社ほどのスギ製材工場がありましたが、時代の流れとともに現在では60工場程度に減少してしまいました。各製材工場の規模はそれほど大きくはありませんが、それなりの力をもっています。

第2は、意外かもしれませんが、日田地域の製材工場のなかには東京・首都圏市場へ製材品を出荷している工場が少なくないのです。というのも日田から車で40分ほどに位置する佐賀県鳥栖《とす》市（九州自動車道、大分道、長崎道の分岐点になっています）には大きなトラックステーションがあり、東京・首都圏から来たトラックの帰り荷としてスギ製材品を積むケースが少なくないのです。

第3です。日田地域は原木市売市場と製材工場が表裏一体となって産地を形成してきたことです。森林組合や素材生産業者が出材した丸太を周密に仕分けし（例えば柱用や羽柄材用に）、それを製材工場が購入して挽きます。日田地域には民間、森林組合系7つの原木市場がありますが、この原木仕分けに対応した形で製材工場も専業化・分業化が進んだのです。つまり、柱や間柱を専門に挽く工場、野縁・胴縁などの羽柄材を専門に挽く工場が規模は大きくはないのですがそれなりに稼働しています。商社にしてみれば欲しい製材品を挽く製材工場に注文を入れればいいわけですからメリットは大きいのです。

そこでまず、日田市森林組合の共販事業の様子を見てみましょう（**写真I・4**）。同組合は日田地域にある7つの原木市売市場のなかでも存在感あふれる原木市場（共販所）を経営しています。ご覧のように2021（令和3）年3月から丸太価格が急騰し、5月には2万円／㎥に近づいています（**図I・7**）。

しかし共販事業は順調に行きませんでした。第1は、2020（令和2）年7月の集中豪雨です。このとき日田地域は人吉・球磨地域（熊本県）とともに甚大な被害を受けました。そのため

写真Ⅰ・4 買い方70名参加の活気を呈するセリ風景
（日田市森林組合：2021年４月26日市売り）

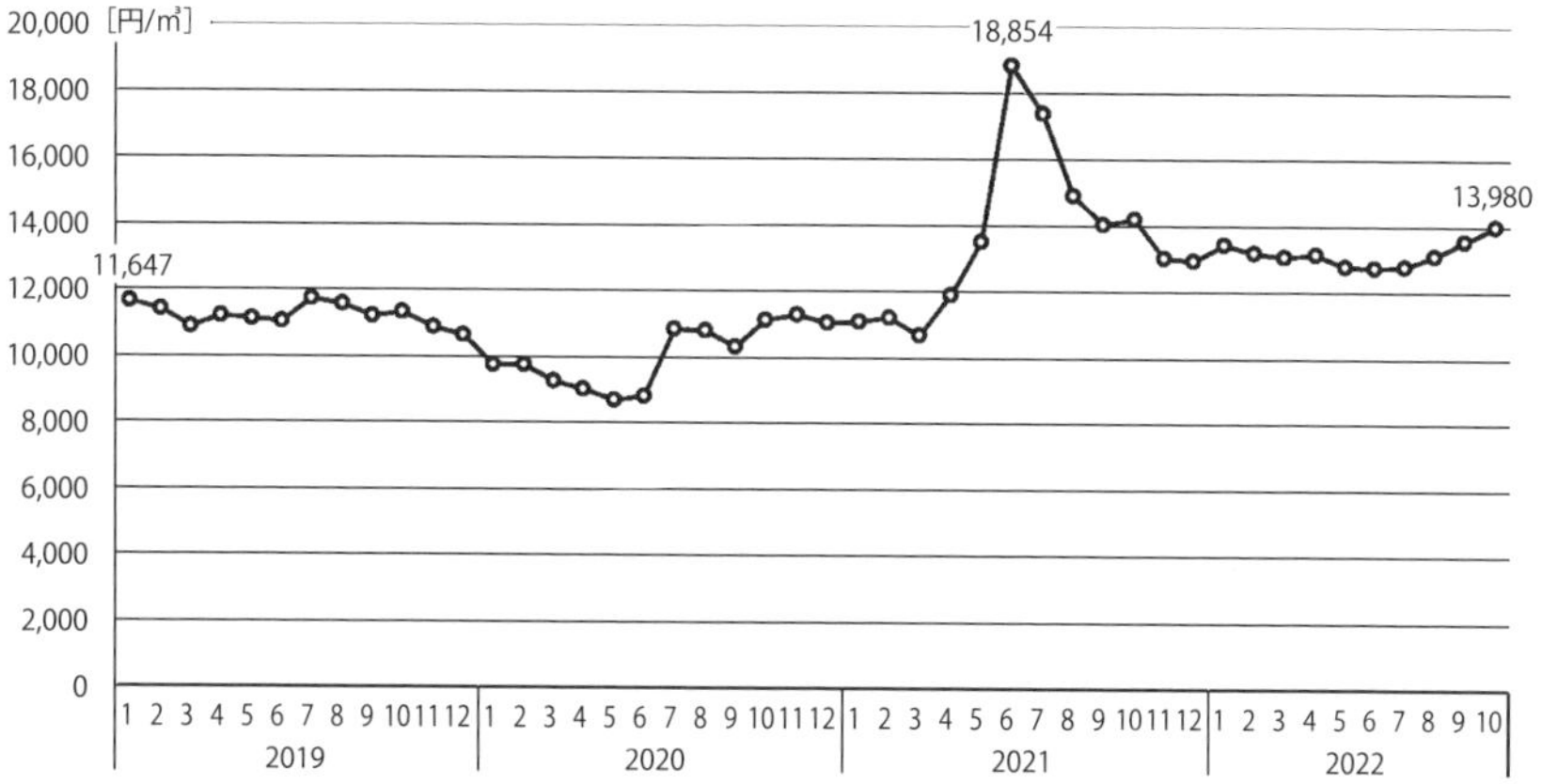

図Ⅰ・7 日田市森林組合原木市場のスギ丸太平均価格の推移
資料：日田市森林組合調べ

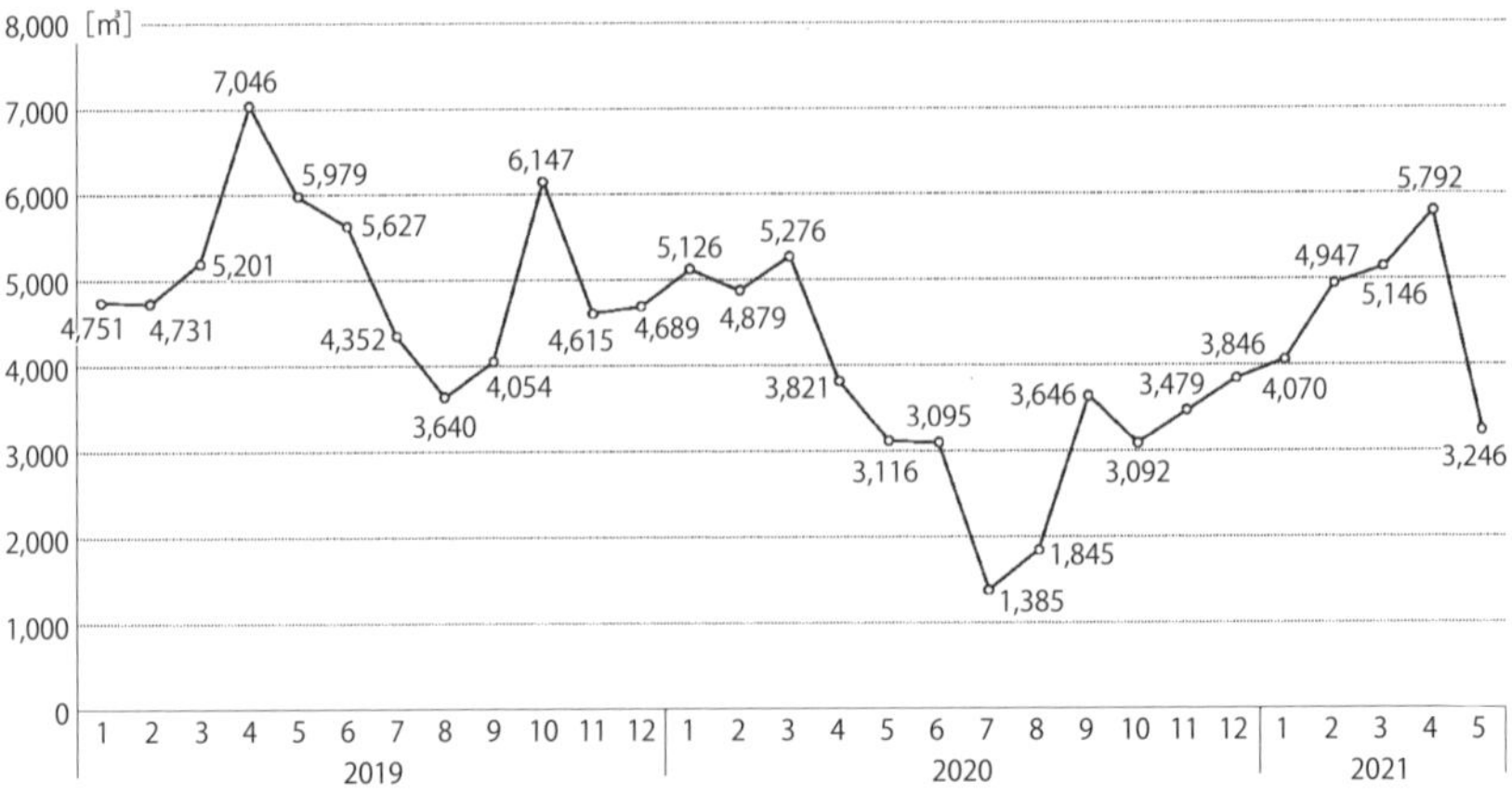

図Ⅰ・8　日田市森林組合共販所のスギ丸太販売量の推移
※2020年5、7月の開催は1回のみ

図Ⅰ・8のように同年の7・8月は販売量が激減しています。

第2は、2019（令和元）年10月から消費税が8％から10％にアップされたことです。これによって新設住宅着工戸数は低迷し、スギ丸太販売量も減少しました。

これに追い討ちをかけたのがコロナ禍です。**図Ⅰ・8**でも2020年に入って販売量が減少していることが見て取れます。

「泣き面に蜂」の連続でした。その後、回復するのですが、**図Ⅰ・8**をもう一度ご覧ください。消費税アップ前の販売量には回復していないのです。ここに「第3次ウッドショック」の襲来です。いかに日田地域がわが国屈指のスギ材産地といえども、これでは東京・首都圏の外材不足分を十分に満たすことはできません。

以上、南九州における「第3次ウッドショック」の状況をスギ材産地・大分県日田地域で見てきましたが、宮崎県都城産地も大同小異です。

産地フロンティアが北上

そこで商社が「次の手」と候補に挙げたのが北関東・南東北・北東北のスギ材産地です（**注2**）。とくに今回の「第3次ウッドショック」では米材羽柄材の輸入不足が深刻な問題になったのですから、その有力な代替材産地としての秋田に焦点を当てて考えてみましょう。

図Ⅰ・9は秋田県森林組合連合会秋田木材共販所のスギ丸太価格です。日田市森林組合（前掲35頁**図Ⅰ・7**）と比べてみてください。2021（令和3）年3月以降、つまり「第3次ウッドショック」が起きても価格は上がっていません。民間の原木市売市場でも同様の傾向を示しています（**図Ⅰ・10**）。原木価格が上がり始めたのは7月に入ってからです。

読者のなかには「秋田といえば、日本を代表するスギ材産地なのになぜ？」と思われる方が少なくないと思います。その理由を列記すると次のようになります。

❶秋田の中小製材工場が製材品の販売不振で倒産、廃業、整理を余儀なくされ製材産地としての地盤沈下が起こっていたこと。

❷製材用スギ原木の長さが12尺（3・65m）であること。これでは間柱（3m。**写真Ⅰ・5**）の注文が来ても対応できません。また筋交い（4m。**写真Ⅰ・6**）などの注文が舞い込んできても対応できません。

❸大型製材所が少ないこと。

❹乾燥機を設置している製材工場が少ないこと。

写真Ⅰ・7をご覧ください。スギ丸太（計24～32cm、長さ4m）が八戸市の中間土場から秋田県のスギ羽柄材製材工場に運搬される風景です。長さが4mという点に注目してください。ご存知のように、東京・首都圏市場のスギ羽柄材の長さは12尺（3・65m）が主流です。ところがトラックの荷台に積載されているのは4mです。この羽柄材製材工場ではこの4m丸太を12尺（3・65m）

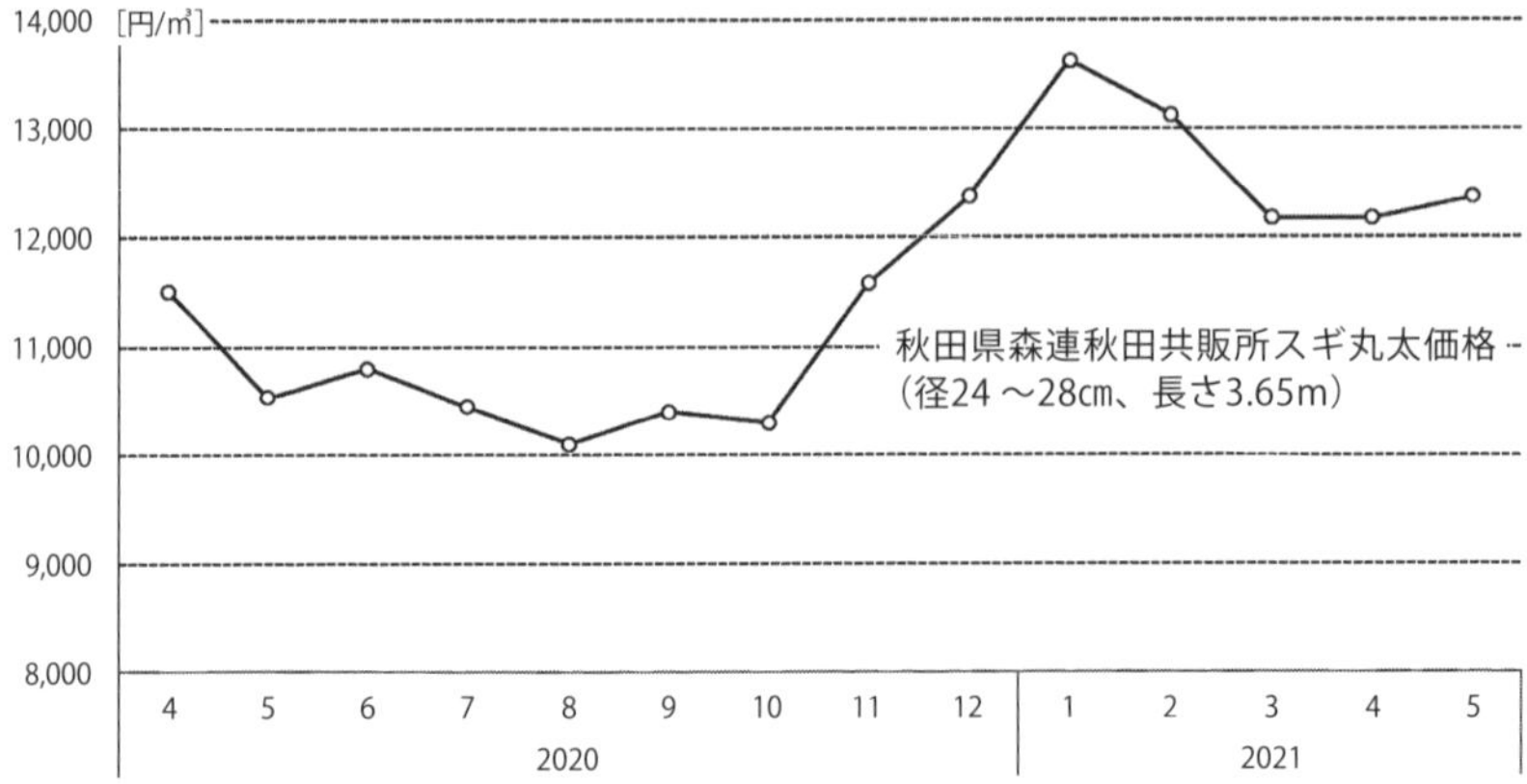

図Ⅰ・9　秋田県森林組合連合会秋田木材共販所スギ丸太価格の推移
資料：秋田県森連共販資料

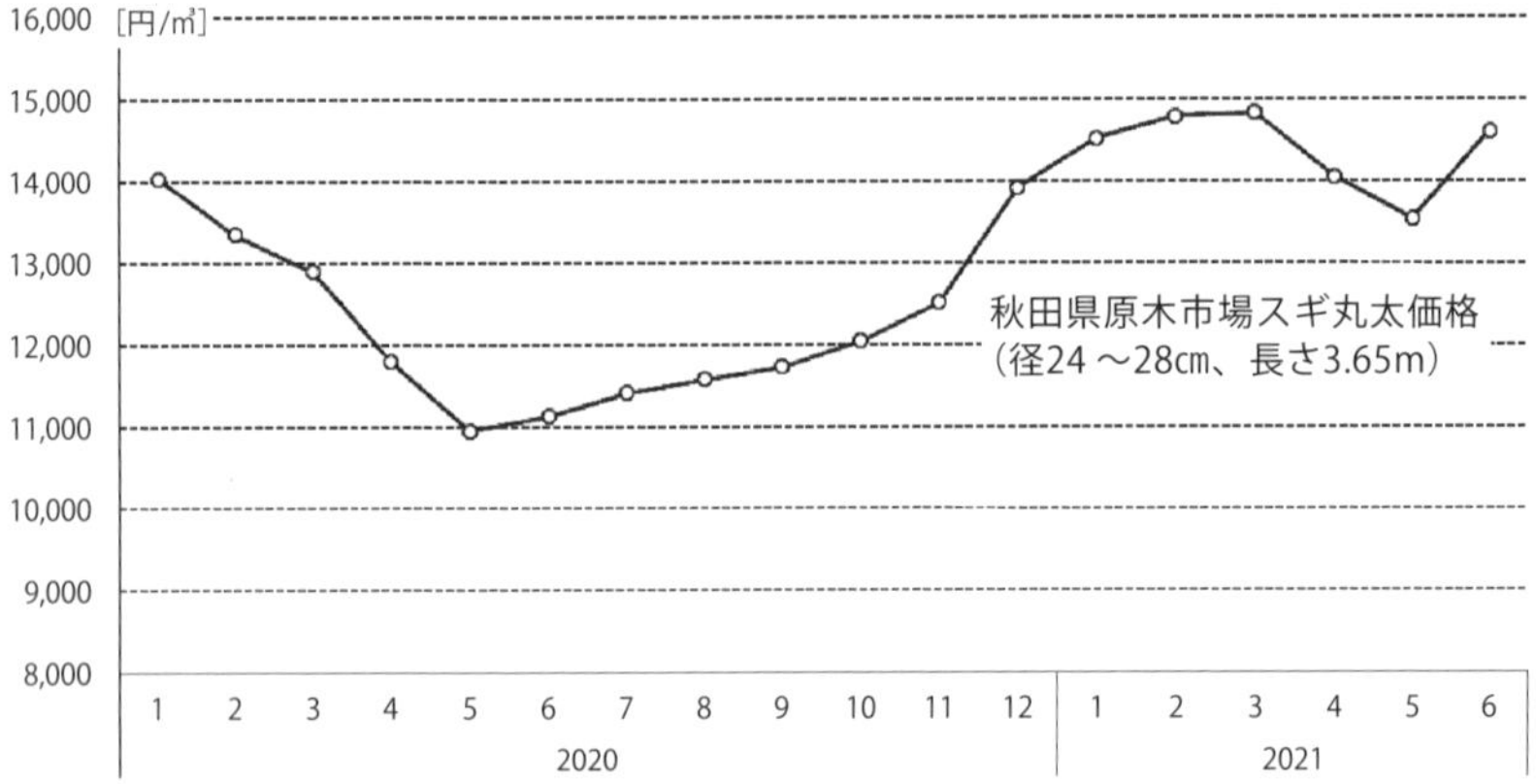

図Ⅰ・10　㈱秋田県原木市場のスギ丸太価格の推移
資料：㈱秋田県原木市場調べ

写真Ｉ・５　スギＫＤ間柱（長さ３ｍ）

写真Ｉ・６　スギＫＤ筋交い（長さ４ｍ）

写真１・７　スギ丸太（径24～32㎝、４ｍ）

に切るのです。35㎝の端材が出ます。使い途がないので産業廃棄物になってしまいます。

だったらなぜ最初から12尺造材にしないのかと首を傾げる読者が少なくないと思います。昔の秋田のスギ丸太造材は12尺オンリーといっても過言ではありませんでした。それをヌキを中心とする羽柄材に製材して東京・首都圏市場へ出荷していたのですが、時代の流れとともに売れ行きが不振に陥り、転廃業を余儀なくされる製材工場が続出しました。その後、合板メーカーがスギを原料として使い始めました（**注2**）。合板用丸太の長さは２ｍ、４ｍです。これが丸太市場をほぼ制覇したのです。４ｍ丸太を買って12尺（３・65ｍ）にするというのはそのためです。

こうした状況は秋田だけにとどまりません。東北の他の県も同じ悩みを抱えています。宮城県の宮城十條林産（本社・仙台市）は宮城県では大きな製材工場です。白石市にある製材工場では２０２１年３月以降、注文が殺到。人工乾燥機４基がフル稼働し、１ヵ月に５００㎥のＫＤ製材品を生産していますが、亀山武弘社長は「輸入材と同じ規格を満たすには、乾燥能力が圧倒的に足りない」と指摘します（「ウッドショック－揺れる宮城の業界」、「河北新報」２０２１年８月19日付）。

こうしたなかで、スギが米材羽柄材に代替するためには人工乾燥が不可欠なのですが、乾燥機がまだまだ足りないのが実情です。

注2：読者のなかには、なぜ関東・東北という通常の区分をしないで、北関東・南東北・北東北というややこしい地域区分をしたのか？という疑問が出てくると思います。その理由について私見を述べておきます。

関東・南東北という地域には茨城・栃木・福島3県にまたがる八溝山系があります。そこには目通りがいい柱角に適したスギ丸太が多く産出されています。具体的には末口16～18㎝の長さ３ｍの柱取り丸太です。一方、秋田を中心とする北東北のスギ丸太は柱取りには適しません。多雪のため根曲がりするので、柱を製材するには無理があります。どうしても「芯」を外した羽柄材が主流にならざるを得ないのです。

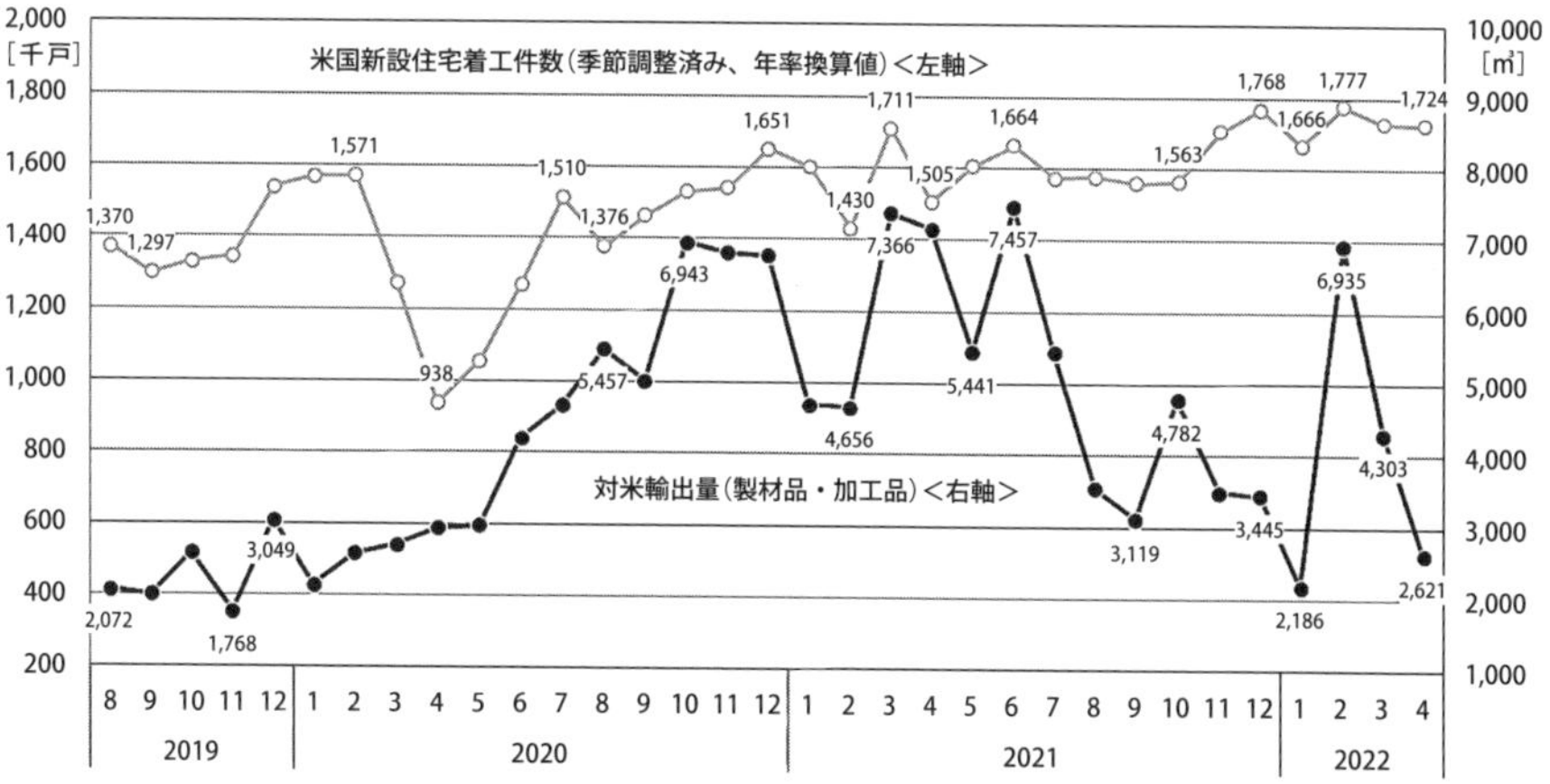

図Ⅰ・11　米国における新設住宅着工件数の推移と米国向け国産材製材品・加工品輸出量の推移

出所：[米国新設住宅着工件数] TRADINGECONOMICS.COM/U.S.CENSUS BUREAU（2022/6/13取得）［対米輸出量（製材品・加工品）］財務省貿易統計

再確認「第3次ウッドショック」の震源は米国

それでは次に「第３次ウッドショック」の震源になった米国の住宅市場の動向について詳しく見ていきましょう。**図Ⅰ・11**は、米国における新設住宅着工件数（季節調整済みの年率換算値です。以下同じ）の推移（上の折れ線）を示したものです。下の折れ線は日本から米国へ輸出されている製材品・加工品量（その大部分はスギフェンスです）です。

周知のように米国の住宅市場は２００６（平成18）年に住宅バブルが弾け、その後２００８（平成20）年にはリーマンショックという苦い経験をしています。しかしそれ以後、新設住宅着工件数は堅調な伸びを示しました（２０１３〈平成25〉年以降は１２０万件で推移しています）。この時期、北米西岸の製材工場では木材が余り、それを日本へ輸出していたのです。

図Ⅰ・11に戻りましょう。2020（令和2）年に157万1000件だったのが急落し、同年4月には93万8000件に落ち込みました。これは明らかにコロナ禍の影響です。

しかしそれ以後、新設住宅着工件数は急増し、2021（令和3）年3月には171万1000件に達しました（同年2月に一時的に落ち込みますが、これは寒波襲来や建築用材の供給不足のためといわれています）。この結果、日本向け米国製材大手のマンケランバー社は日本向け製材生産の無期限停止を決定したことはすでに述べたとおりです。

ではこの急増をもたらした要因はなんでしょうか。第1は、コロナ禍による〝巣ごもり〟によってテレワークなどが普及し、米国民の間で生活様式の見直しが始まったことです。都心部のマンションより郊外で1戸建て住宅を取得したいという願望を抱くようになったのです。

第2は、こうした願望を後押ししたのが歴史的な低金利（3％）政策です。もともと米国には住宅投資・住宅ローンに対するニーズが絶えず存在しています。その背景には合法・非合法を問わず大量の移民が流入し、そこで潜在的な住宅需要を発生することが挙げられます。また住宅取得済みの米国人でも10年以内により広く住み心地のいい住宅に買い替える傾向が強いといわれています。

こうしたコロナ禍による〝巣ごもり〟が新設住宅着工件数を増加させる副因になったことは間違いありません。それにしても米国のこの新設住宅着工件数の急増は、本当にこうした実需と結びついて実現したものなのでしょうか。ここで前に引用した中国木材・堀川智子社長の弁を思い出してください。「ところが、そこが一番の予想外で、まさか多くのコロナ感染者が出ているにも関わらず（米国の）住宅着工は順調に伸び、8月から丸太価格が値上がりするとは思ってもいなかった。」

――誰しもがこのように考えるのではないでしょうか。しかし私はコロナ禍とその対策としての金融緩和政策を分けて考えたほうが米国住宅市場の急伸の背景が浮き彫りにされると思います。

ご存知のようにコロナ禍対策として世界各国の政府や中央銀行は経済低迷を打開するため金融緩和（低金利）政策をとりました。一般論ですが、コロナ禍などの不況時には利下げ政策がとられます。金利が下がればおカネが借りやすく、その結果、モノやサービスを買ったり、設備投資をするなど、経済活動が活発になることが期待されます。

米国でも1・9兆ドル（約200兆円）もの巨額の財政出動が行われました。しかしコロナ禍のなかで実体経済（とくに製造業）の回復は遅れていました。そのため、低金利でもおカネを借りて設備投資や追加投資ができません。結果、行き場を失った大量のドル紙幣が様々な実物資産（土地、貴金属、美術品など）に投資されました。住宅もその一部です。つまり、米国の住宅市場の急伸は、前述のように郊外で家を取得したいという願望（実需）と一部結びついていますが、実際にはこれとは別に仮需が発生している、つまり投機的な動きがあるのではと考えても不自然ではありません。米国の住宅市場の急伸にはバブルの側面があったことは否定できません。問題はこれがバブルとなって弾けた場合です。リーマンショックは不良ローンの濫造《らんぞう》によって引き起こされましたが、今回は金利リスクの要因（格安な変動金利が高くなると借り手が破綻し、低い固定金利債権を保有している投資家が莫大な評価損を抱えてしまうこと）に警戒すべきでしょう。

杞憂《きゆう》に終わればいいのですが、警戒感を抱かざるを得ないのは、万一米国の住宅バブルが弾けたら日本の木材市場に大きな影響を与えることは必至だからです。まず最初に打撃を被るのは前掲41頁**図I・11**の下の折れ線、すなわち米国の新設住宅着工件数とパラレルに増加していた日本のスギフェンス輸出量の減少でしょう（なお、この記述は2021年8月段階、すなわち「現代林業」20

21年9月号の「特集」の一節です。後に改めて詳述しますが、米国では金利が上がり住宅ローンの利率も引き上げられました。住宅市場は縮小していきます。これによって住宅バブルが弾ける可能性は少なくなりました)。

日米両国民の住宅観の違い

このようにいうと、読者のなかには日本でも一貫して大規模な低金利(異次元金融緩和)政策がとられているじゃないか、にもかかわらずなぜ日本では新設住宅着工戸数が増えないのか？　という疑問が湧いてくると思います。この疑問こそが「第3次ウッドショック」発生の要因を考えるうえでの鍵だと思います。それというのも日米両国民の住宅に対する考え方が根本的に違うからです。

写真Ⅰ・8をご覧ください。米国テキサス州ダラス市郊外の一戸建て住宅です。一見煉瓦造りですが本体はSPF(後述)の2×4住宅です。建坪90坪ですから米国では標準よりやや大きめの住宅になるでしょうか。築30年です。ここを案内してくれた不動産会社社長によればこの家の転売価格の相場は6000万円なのだそうです。

いかがですか？　日本では考えられません。わが国では新築住宅価格が最も高く、以後、資産価値は下げる一方で、15～20年経てば資産価値ゼロで残るのは地価だけといわれます。「100年住宅」が徐々に普及しているにもかかわらずです。なぜでしょう？　日米両国の住宅観の違い、すなわち日本の住宅は「消費」ですが、米材の住宅は「資産」なのです。

日本人の住宅観は古くは鴨長明の『方丈記』に鮮明に表れています。元暦の大地震(1185年)で庶民の家々がことごとく壊滅したにもかかわらず、彼らは「人皆あぢきなきことを述べて、いささか心の濁りもうすらぐと見えしかど、月日重なり年経にし後は、言葉にかけて言ひ出づる人

写真Ⅰ・８　90坪の２×４住宅

だになし」（口語訳：人は皆、やるせない世の中を嘆いていくらかは煩悩も薄らぐようにも見えたが、地震から月日が経ち時が過ぎると、もう言葉にして口にする人さえいない）。

私は阪神・淡路大震災や東日本大震災で家屋を喪失した難民の呆然とした姿に『方丈記』のこの一節が重なりました。まさに諸行無常、家は消費という観念です。地震、火災、台風などの災害が多い日本ならではの住宅観ではないでしょうか。

これに対して米国民のそれは明らかに違います。住宅は資産なのです。いってみれば先物取引の対象なのです。彼らは日本人と違って銀行預金を多く持っている人（一般の庶民）は少ないといわれています。それだけに住宅に「磨き」をかけて資産価値を上げるのに労を厭《いと》いません。米国でＤＩＹが活況を呈している背景はまさにここにあるのです。

私は何度かワシントン、オレゴン、カリフォルニア、テキサス、ニューヨーク州のＤＩＹ（米国

テキサス州ダラスのホームデポ

2×4スタッド

写真Ⅰ・9　米国のホームデポ店内の木材売場

ではロウズやホームデポが代表的ＤＩＹのホームセンターです。**写真Ⅰ・9**）を訪れたことがありますが、大男たちがトヨタのハイラックスに乗って、大量の木材（2×4部材やフェンス材）を購入している風景を何度も目にしたことがありました。日本のこぢんまりした日曜大工とは桁違い。休日を利用して自宅をメンテナンスするのです。そのためＤＩＹは彼らにとって不可欠の存在なのです。米国で中古住宅市場が活況を呈している背景がここにあります。「日本経済新聞」は米国の中古住宅の需要が旺盛になり２０２１（令和３）年には23％増の過去最高になったと報じていますが（２０２１年６月23日夕刊）、その背景にはこのような事情があるのです。

北米西岸製材工場の製材品供給不足

こうした米国の新設住宅着工件数の急増に対して、建築用材を供給する国内西岸の製材工場はどのような対応をしたのでしょうか。需要を満たせたのでしょうか、それとも満たせたい気持ちは山々であっても、思うようにいかなかったのでしょうか。

前述のように2020（令和2）年2月から米国の新設住宅着工件数は急減します。コロナ禍のためです。こうした予期せぬ事態に対して、製材工場は製材生産量を減らしたり、丸太や製材品の在庫量を減らしていきます。

これに追い打ちをかけたのが森林火災です。北米西岸は地中海性気候の乾燥地帯に属するため、春から夏にかけて森林火災が多発します。2020年はそれが頻繁に起きたのです。森林火災は丸太供給量の減少だけでなく、延焼などで製材工場にも大きな被害をもたらしました。結果、製材品の供給量が減少し、住宅着工の増加に対応できなくなります。つまり米国内需要を満たせなくなったのです。何度か言及しているように「日本など構っていられるか！」ということで米材の対日輸出量が減ったというわけです。もう1つ。コロナ禍による物流の停滞です。コロナ禍によってサプライチェーン（陸送、海上輸送を含めて）が寸断されてしまったのです。

北米西岸の森林事情

以上に関連させて参考までに北米の森林事情の変化に言及しておきましょう。米材とは北米西岸地帯（米加両国）で産出される針葉樹の総称です。樹種は様々ですが、現在、日本へ輸入される米材には大雑把に次の3種類があります。第1は米マツ丸太（ダグラスファー）です。日本の製材工場で主に木造軸組構法住宅の梁（平角）として挽かれています。第2はSPF（S：スプルース・トウヒ、P：パイン・マツ類、F：ファー・モミ類）です。2×4住宅のスタッド（間柱）やディメンションランバーになります。日本の2×4住宅の構造材になります。第3は米マツ製材品です。木造軸組構法住宅のタルキ、胴縁、野縁、筋交いなどとして使われています。この米マツ製品輸入量が減少して、日本国内のプレカット業界や住宅産業界が四苦八苦しているというわけです。

さて、本題の北米西岸地帯の森林事情の変化についてです。第1はオールドグロス林（**写真Ⅰ・10、Ⅰ・11**）からセカンドグロス林（**写真Ⅰ・12、Ⅰ・13**）、さらにサードグロス林（**写真Ⅰ・14**）へ、つまり天然林から人工林へと移行していることです。

第2は木材供給ソース（必ずしも森林資源の賦存量とは一致しませんが）。大別して次のようになります。すなわち3分の1がカナダ（ＢＣ州）、13分の1がワシントン、オレゴン2州の Pacific Northwest です。そして残りの3分の1は25年前後で伐採できる短伐期のサザンイエローパインが賦存する米国南部（ジョージア州を中心とした周辺地域）です。

したがって「第3次ウッドショック」発生の背景には、ＢＣ州と Pacific Northwest の木材供給が、急増する米国住宅市場の需要に追いつかない事情があったわけです。ＢＣ州と Pacific Northwest は米国内の需要に供給していただけでなく日本へも丸太及び製材品を輸出していましたが、あまりにも米国の住宅需要が急増したため、日本へ輸出する余力がなくなったというわけです。

米材輸入量が減った日本の住宅業界は、これを国産材で補おうとしますが、消費増税（２０１８〈平成30〉年10月）→コロナ禍→集中豪雨などによって素材生産・製材生産がダメージを受けており、「第3次ウッドショック」に機敏に対応できなかったのは前述のとおりです。

このように「第3次ウッドショック」は需要サイドが引き金になり、それに供給（物流を含めて）問題が加わったいわば複合型の「ショック」といえるでしょう。

写真Ⅰ・10　オールドグロス林①
（カナダ・マクミラン州立公園）

写真Ⅰ・11　オールドグロス林②
（カナダ・マクミラン州立公園）

写真Ⅰ・12　セカンドグロス林
（米国ワシントン州、樹種はダグラスファー）

写真Ⅰ・13　セカンドグロス林の伐採風景
（米国ワシントン州・ウェアハウザー社有林）

写真Ⅰ・14　サードグロス林
（米国ワシントン州）

「第3次ウッドショック」〈第3波〉で今後を読み解く

以上、「第３次ウッドショック」が発生した背景について私の考えを述べました。「ショック」が発生したのは２０２１（令和３）年３月頃でしたから、あれから1年8ヵ月が経ったことになります（本書執筆現在）。そして「ショック」はまだ終わっていません。この間、新たな事態が矢継ぎ早に発生し、なかなか「先」が見通せないもどかしさがありましたが、ここにきてようやく今後を読み解けそうな材料が出始めました。「ショック」の第３波がそれです。

第３波とは、後述する「『第３次ウッドショック』〈第1波〉」の震源米国で、住宅ローン金利が上がって住宅着工が減速し、それに伴い木材価格も下落し始めたことです。後に改めて言及するつもりですが、２０２２（令和４）年5月度の米国の新設住宅着工件数（年率換算、季節調整済み）は１５４万９０００戸でした。これは前月比14・4％減、前年同月比３・５％減になり市場が予測した１７０万２０００戸（同）を大きく下回る結果になりました。また住宅着工の先行指標である新規建築許可件数も１６９万５０００戸（前月比7・０％減）にとどまりました。住宅市場が縮小すればそれに伴って木材需要も減ります。米国内で行き場を失った木材が「ウッドショック」以前のように再び日本へ輸入される可能性はあるのでしょうか。もしそうなれば国産材価格はどうなると思いますか？　昨今の超円安とも関連してこの辺をどう読み解くのかが重要になってきます。私は「第３次ウッドショック」はそろそろ終わりに近づいているのではないかと考えています。それに向けての調整期に入ったことは間違いありません。すでにその兆候が見え始めているからです。

読者の皆様は意外に感じるかもしれませんが、じつは日本の木材市場では外材がだぶつき始めているのです（後述）。一見インフレ状態の原木・

製品ともにじつはデフレ化が表面化し、価格がじわじわと下落し始めています。国産材価格下落の可能性も出てきました。

「第3次ウッドショック」4つの「波」

2022（令和4）年2月24日、ロシアがウクライナに侵攻しました。現在、わが国の林材業界ではロシア・ウクライナショックの話題で持ちきりです。確かにそれも大事ですが「第3次ウッドショック」がいつ、どこで、どのような形で幕を閉じるのかを議論するためには、第3波（第1波との関連性を含めて）にもっともっと注目すべきです。以下ではこれが日本の森林・林業・木材・住宅産業にどのような影響を与えるのかについて議論してみたいと思います。

そこでこの議論をよりいっそう深めるために「第3次ウッドショック」に次のような4つの「波」を設定してみました。それは「第3次ウッドショック」は様々な出来事や情報が複雑に入り組んでいるため、一見無秩序に感じるのですが、この「波」を設けることによって各ステージの特徴と関連性が整理できるからです。

具体的には次のとおりです。

第1に、2021（令和3）年3月の春頃から9～10月の秋頃までを「第3次ウッドショック」の「第1波」と位置づけ、その背景について分析。

第2に、第1波とは異なった動きを示した「合板ショック」に注目し、これを「第1波の余波」と位置づけ、その背景を探る。

第3に、ロシア・ウクライナショックによって引き起こされた「第2波」が日本の合板業界にどのような影響を及ぼしているのかを見ていく。

第4が本稿のメインテーマになる「第3波」です。ここでは米国における住宅ローンの金利引き上げが「第3次ウッドショック」にどのような影響をもたらすのかについて考えてみたいと思います。

なお本稿で「現在の（あるいは今の）」という表現は、「第3次ウッドショック」発生の2021年3月頃から原稿を提出した2022年11月までのことです。この点ご留意ください。

「第3次ウッドショック」〈第1波〉

「第3次ウッドショック」は2021（令和3）年秋以降落ち着きを取り戻しているかのようです。**図Ⅰ・12**は輸入米材製材と輸入集成材を企業物価指数という視点からその推移をたどったものです。ご覧のように輸入米材製材は2021年3月頃から10月にかけて急騰しましたが、その後下落し12月以降は横ばいです。また欧州からの輸入集成材価格も8、9月にかけて急騰した後、横ばいで推移しています。

一方、国産材製材品市況は2012（平成24）年秋以降上げ止まりの様相を見せていますし（**図Ⅰ・13**）、丸太価格も同様です（後掲56頁**図Ⅰ・14**）。こうした状況のなかで現在、林材業関係者の多くの関心はこの高止まりはいつまで続くのかに集中しているといっても過言ではありません。多くの関係者は「第3次ウッドショック」前の木材価格に戻ることなく、ワンランク上の価格体系が定着して欲しいことは容易に想像できます。しかしここにきて、この願望が実現できるかどうか不安な材料が出てきました。木材価格がジワジワと下がり始めたのです。後に詳しく考察する「『第3次ウッドショック』の第3波」がその引き金になりそうな気配なのです。

「第3次ウッドショック」〈余波・合板ショック〉

前述のように「『第3次ウッドショック』〈第1波〉」は住宅建築用製材の品不足によって起きたものですが、やがて合板分野でも顕在化してきま

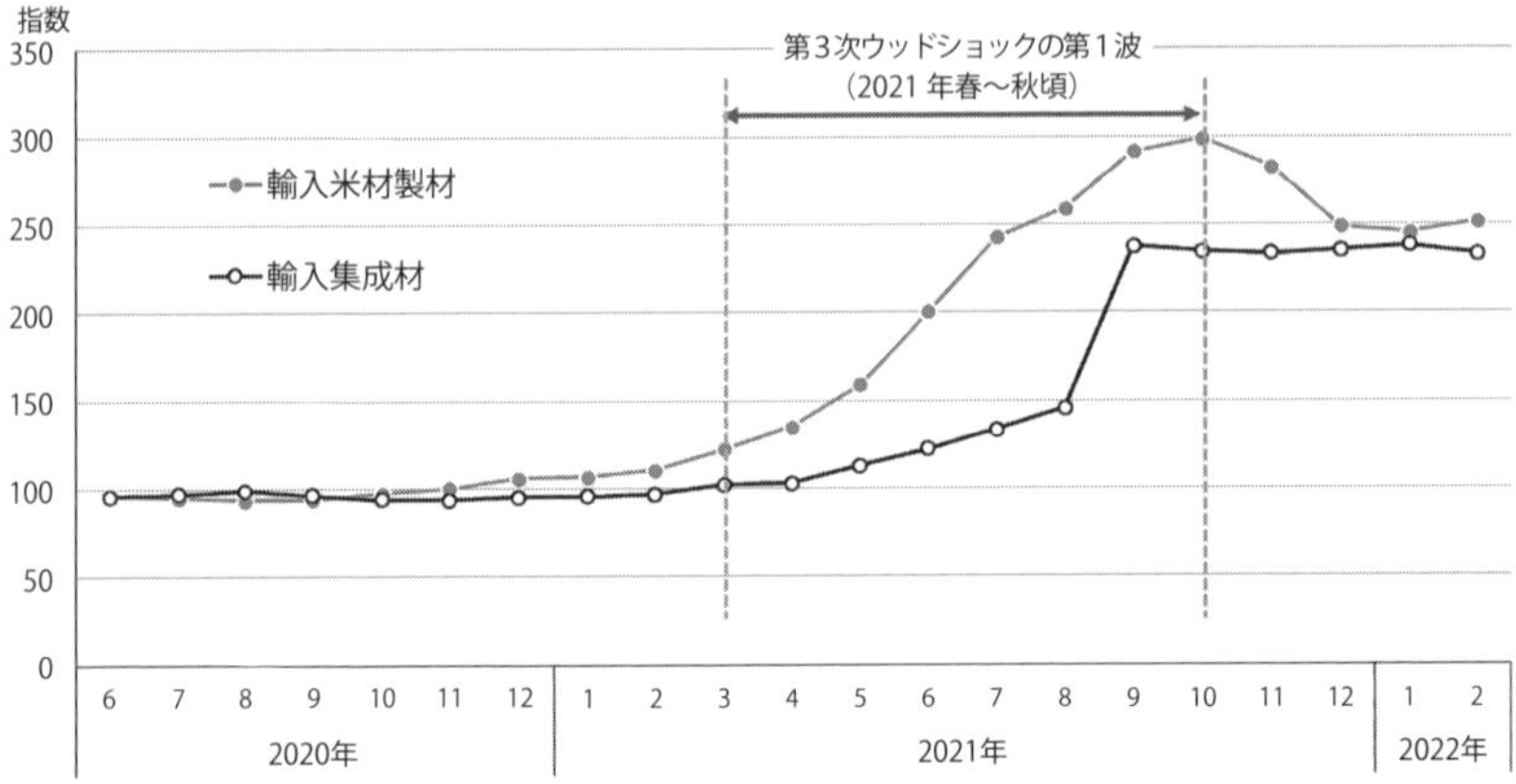

図Ⅰ・12　企業物価指数の推移（輸入米材製材、輸入集成材）
出所：日本銀行　　2015年＝100

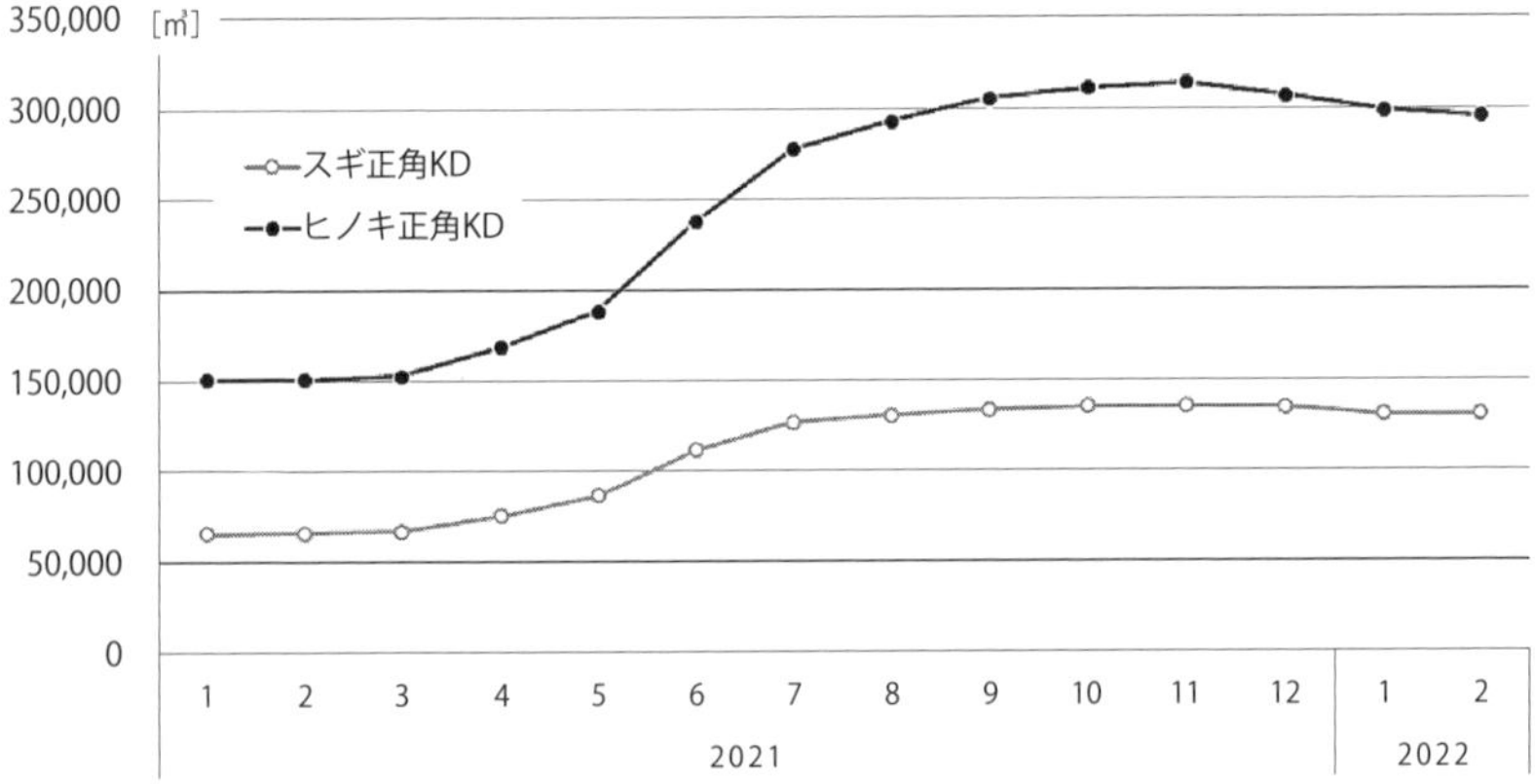

図Ⅰ・13　スギ正角ＫＤ及びヒノキ正角ＫＤの卸売価格の推移
出所：農林水産省「木材価格」
注：スギ、ヒノキとも10.5㎝角、長さ３ｍ

した。**図Ⅰ・15**は**図Ⅰ・12**と同じように、国産合板と輸入合板を企業物価指数の視点からその推移をたどったものです。ご覧のように輸入合板、国産合板ともに２０２１（令和３）年６月頃から上昇を続けており、**図Ⅰ・12**の輸入米材製材や輸入集成材とは異なった動きを示しています。時間軸が異なっているのです。住宅・木材業界ではこれを「合板ショック」と呼んでいます。

では「合板ショック」はなぜ起きたのでしょうか。なぜ輸入米材製材や輸入集成材とは異なった動きを示したのでしょうか。また『『第３次ウッドショック』〈第1波〉」とどのような関係にあるのでしょうか。以下ではそれを考えてみましょう。

まず「合板ショック」が起きた背景です。大方の見方は東南アジアからの輸入合板が減ったため、日本国内の合板需給がタイトになり価格高騰が起きたというものでした。例えば「日本経済新聞」（２０２１年7月20日付）は、「住宅の壁や床に使う輸入合板が一段と高くなった。指標品の輸入物の構造用合板（12㎜）は東京地区の問屋卸価格が現在１枚１４７０円（中心値）で、７月上旬に比べて20円（１％）高い。主産地の東南アジアで（コロナ禍のため）減産が進み、供給が滞っている」。これが「合板ショック」をもたらした要因だと説明しています。

しかし私はこの説明には違和感を覚えます。その理由は、第1に日本国内で流通している構造用合板のうち、輸入合板が占めるシェアは数％に過ぎないということです（その大部分は型枠用〈コンパネ〉やフロアー台板〈フロアの下地合板〉）。したがって、輸入合板の減少が直接構造用合板の価格上昇に繋がるとは思われません。

第2に輸入合板の輸入量ですが、後掲58頁**図Ⅰ・16**のように２０２０（令和２）年1～9月にかけて大きく減少しましたが、２０２１年はさほど大きな減少は見られないことです。したがって輸入合板の減少が「合板ショック」をもたらした

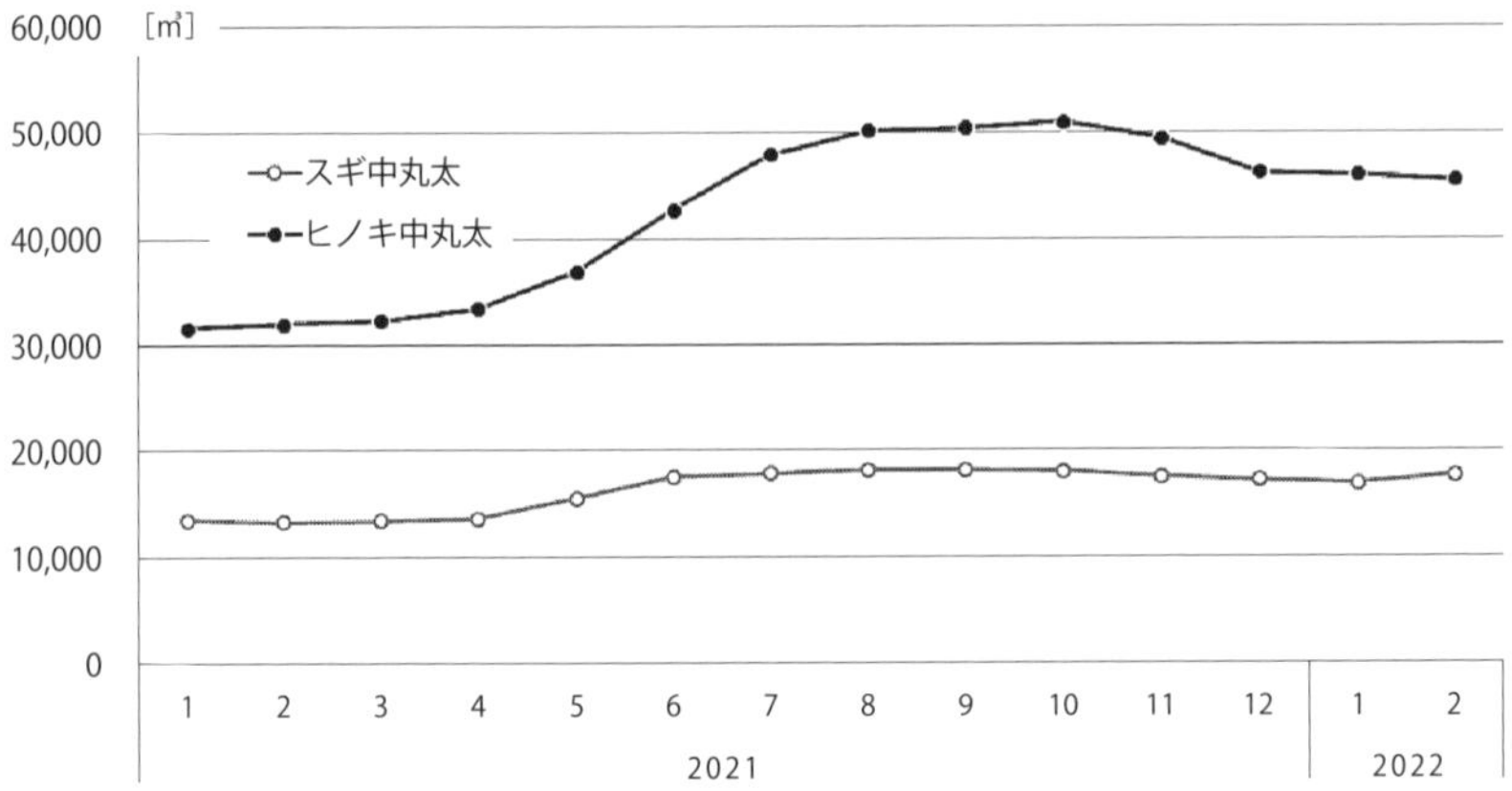

図Ⅰ・14　製材用スギ、ヒノキ丸太価格の推移
出所：農林水産省「木材価格」
注：スギ、ヒノキとも径14～22㎝、長3.65～４m込み

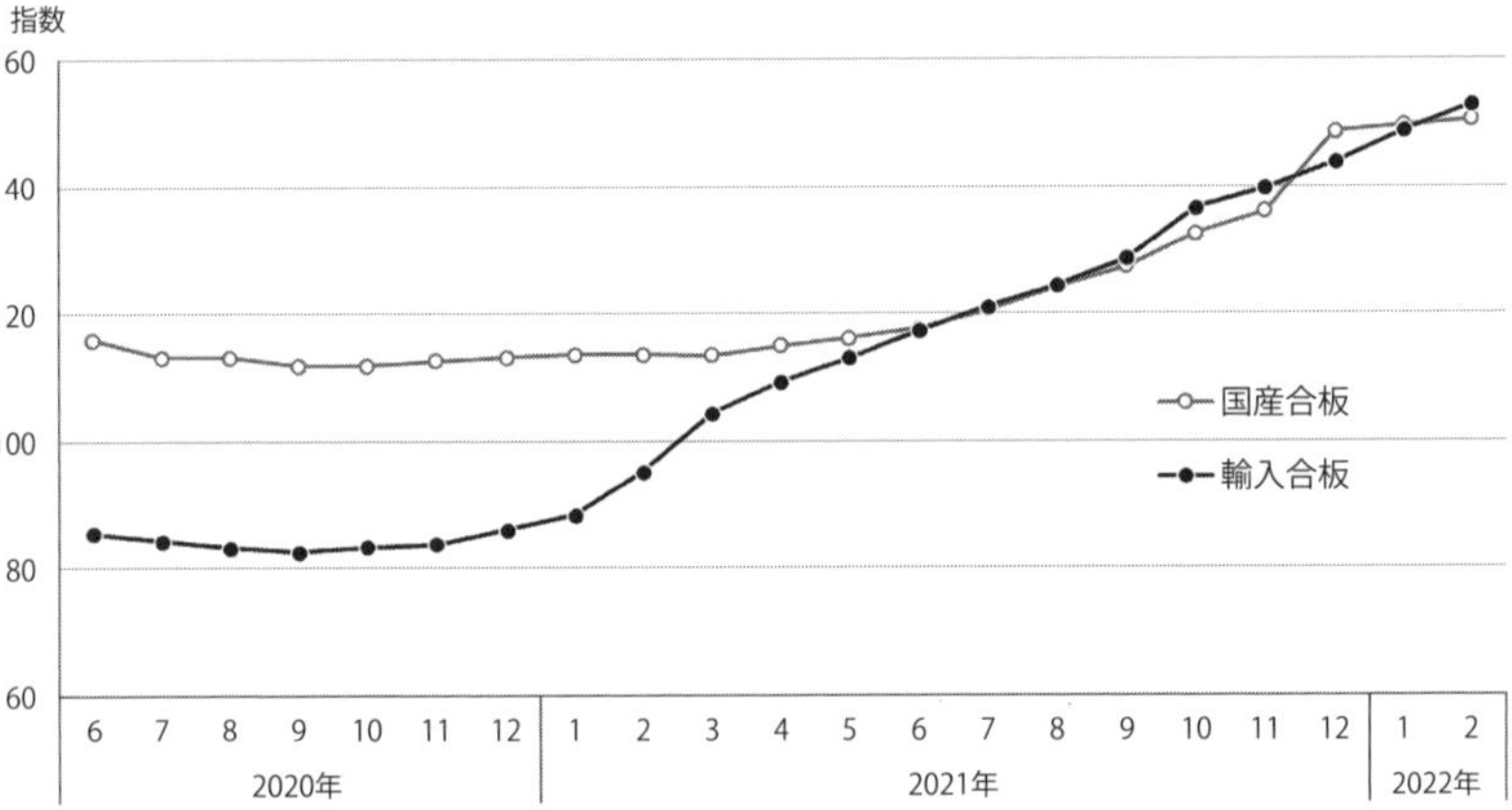

図Ⅰ・15　企業物価指数の推移（合板）
出所：日本銀行　　2015年＝100

とは考えにくいのです。

そこで視点を変えて針葉樹構造用合板の動きに注目してみましょう。図Ⅰ・17は針葉樹構造用合板価格と合板工場の在庫率の推移を示したものです。ご覧のように価格は２０１９年５月～２０２０年２月まで１１９０円／枚の横ばいで推移してきましたが、一転して下落が始まりました。この窮状に対処するため合板メーカー各社は３月と７月に大幅な減産を行いました。その結果、11月には減産効果が現れ逼迫感が強まりました。価格も11月の１０７０円／枚をボトムに値戻しが順調に進みました。とくに２０２１年５月の１１２０円／枚以降急騰を続けており、２０２２（令和４）年３月には１８００円／枚と過去最高を更新中です。ここ1年間で価格は１・６倍に跳ね上がったことになります。

問題はなぜここまで針葉樹構造用合板価格が急騰したかということです。確かに２０２１年のコロナ禍のなかでテレワーク（在宅勤務）が普及し、大都市郊外で戸建て住宅の需要が増加したことも一因ですが、主要因は別のところにあると私は考えています。それは「第３次ウッドショック」で製材業界では国産材需要が増え、製材用丸太（A材）価格が急騰したことは前に述べたとおりですが、この丸太価格高騰で合板用の丸太不足が顕著になりました。というのも合板用のB材丸太でもA材に近いB材は価格の高い製材用に流れます。そのため合板工場の丸太在庫量が減少し、合板製造に支障をきたす事態に追い込まれました。結果、高値でも丸太を仕入れざるを得ない状況に追い込まれました。２０２２年に入って東北のある合板メーカー大手はスギB材丸太に1万7000円／㎥という信じられない高値を付けて国産材業界を驚かせました。九州の大分港や佐伯港から東北地方の港へスギB材丸太が移出して話題になったのもこの頃です。港着値1万7000円／㎥なら十分に採算がとれますので。

結局、合板メーカーは高値のB材丸太を買わざ

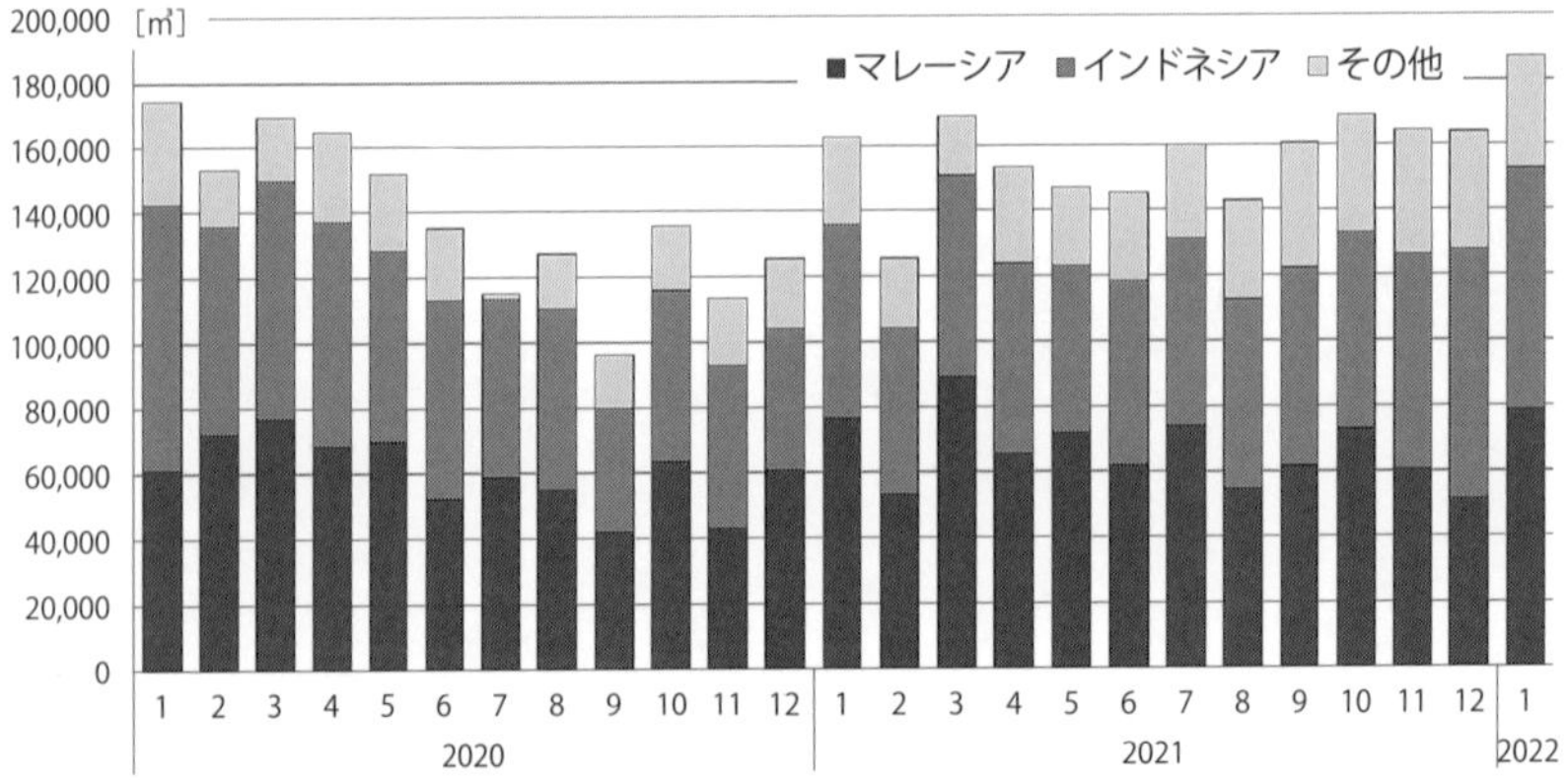

図Ⅰ・16　合板輸入量の推移
出所：財務省「貿易統計」
注：関税番号4412.10.111～299，4412.31，4412.33，4412.34，4412.39

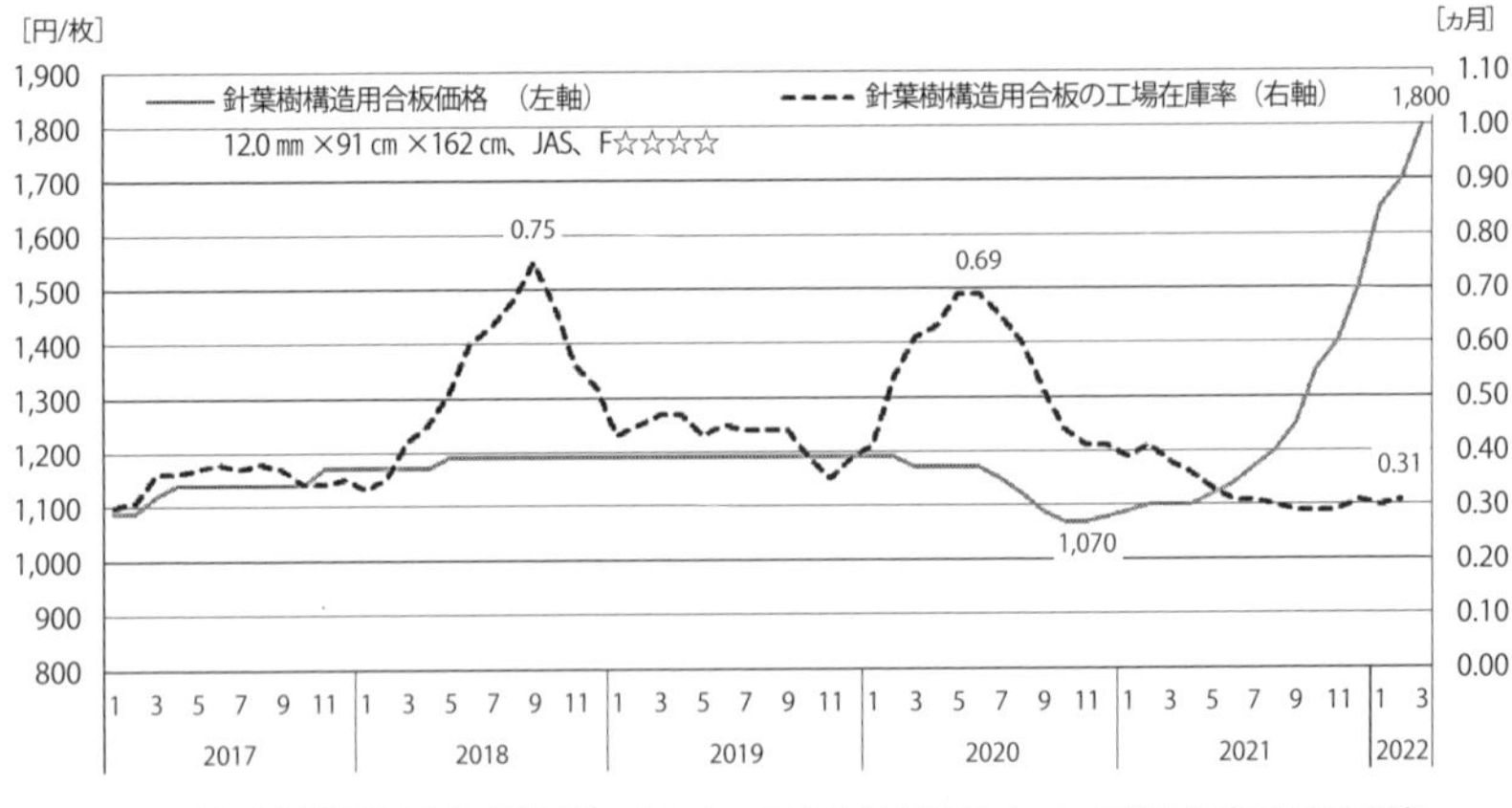

図Ⅰ・17　針葉樹構造用合板価格（東京・問屋店頭渡し）と工場在庫率の推移
出所：日本木材総合情報センター「市況検討委員会資料」、農林水産省「合板統計」より作成
注：在庫率＝当月在庫量／当月を含む過去６ヵ月の平均出荷量

るを得なくなり、それを針葉樹構造用合板価格に転嫁したのです（加えて単板を貼る接着剤の価格アップもあります）。これが針葉樹構造用合板価格アップの要因です。「第３次ウッドショック」第２波ではなく、第１波の余波であることがおわかりいただけましたでしょうか。

中国産針葉樹構造用合板の輸入量増加

こうした合板不足が続くなか、合板業界をあっと驚かせる出来事が起きました。中国からの針葉樹構造用合板の輸入量が急増していたのです。２０２２（令和４）年４月の日本への輸入量は１万１８００㎥と前年同月比で約14倍、前月比で２倍です。中国産針葉樹構造用合板の輸入量はコロナ禍前の２０１９（令和元）年で１万９０００㎥でしたが、２０２２年４月の輸入量は１年分を入荷したことになります。東京・首都圏の製品市場でも同年４月頃からフェイスとバックにロシア産カラマツを貼った（アンコの部分の樹種はわかりませんが）針葉樹構造用合板が多く見られるようになったといわれています（もちろん、全ての単板がロシア産の合板もありますが）。

この背景にはなにがあるのでしょうか。理由は簡単です。合板に限らず品不足になると代替材が市場に流れることです。「第３次ウッドショック」後の５月～盆前にかけて同様の出来事が見られました。品薄になった間柱の代替材が模索されていたとき、中国産ポプラの間柱（フィンガージョイントやＬＶＬ）が大量に入荷されました。価格が安いからです。スギ間柱よりも３割以上安いといわれました。品不足を少しでも解消したい流通業者の思惑でしょう。

今回の構図も同じです。合板メーカーの直需優先となるなかで、木材建材ルート向けの現物玉を確保したい流通業者が手当てに動いたともいわれています。国産材針葉樹構造用合板12㎜厚３×６判の価格が２０００円／枚に至るなか、２３００

円／枚で納入できるため流通業者にとっては十分採算に合うだろうと踏んだのでしょう（現在は2000円／枚に値下げされたようですが）。ただ、中国産針葉樹構造用合板には厚みのムラや品質に問題があることが懸念されています。

しかし中国産ポプラの間柱が流通したときもそうだったのですが、一時的な現象にとどまりました。「悪貨が良貨を駆逐する」という言葉がありますが、逆に「良貨が悪貨を駆逐する」機能を市場はもっているのでしょう。事実、今回の中国産針葉樹構造用合板にしても「国産材（針葉樹構造用合板）よりも高値を維持しているが、需要が弱まれば真っ先に投げ売りされる可能性が高い」（「日刊木材新聞」2022年6月8日付）のです。

ロシア・ウクライナショックで「第3次ウッドショック」〈第2波〉

戦時体制下で木材は国家戦略の武器に

このような針葉樹構造用合板の品不足に追い討ちをかけるような深刻な事態が発生しました。2022（令和4）年2月24日に始まったロシアのウクライナへの軍事侵攻です（以下「ロシア・ウクライナショック」）。これが日本の森林・林業・木材・住宅産業に悪い影響を与えなければよいがと懸念していました。というのも木材を国家戦略の武器にしようとする企《たくら》みは、すでにナチスが行っていたからです。ナチスのポーランド侵攻に先立つ半年前、ドイツとルーマニアの間に発生した木材をめぐる紛争をきっかけとして、戦争の危険性がかなり高まったという事実が指摘されています。ナチスはルーマニアに対して、同国の森林工業開発を目的とした会社設立をもちかけました。ドイツがいっさいの設備を提供し、ドイツ人専門家が経営に当たり、その会社はルーマニアの森林と木材工業を独占するだけでなく、木材輸出の権利さえもドイツが掌握するという理不尽極まりない提案でした（『来るべき木材時代』エゴン・グレンシガー著、森林資源総合対策協議会訳、森林資源総合対策協議会、１９５３年）。森林資源や木材を侮ってはいけません。「戦時体制」下では国家戦略の武器になるのです。

ロシア産カラマツ単板の禁輸、合板業界に打撃

こうした懸念を抱いていた矢先だけに、不安は的中しました。世界各国の厳しい批判にさらされたロシア政府は２０２２（令和４）年3月9日、日本を含む非友好国への制裁措置として原木、チップ、単板などの林産物（製材品は含まれていません）の輸出禁止（期限は２０２２年末までということになっていますが予断は許されません）を打ち出しました。ロシアのウクライナ侵攻に対する世界諸国の経済制裁に対する対抗措置にほかなりません。現在のところ影響は小さいのですが、合板業界はロシアからの単板供給に警戒感を隠せません。

特にロシア産カラマツ単板の輸出禁止は日本の合板メーカーやＬＶＬメーカーに大きな打撃を与えました。というのも**図Ⅰ・18**からも窺い知れるように、わが国の合板用単板輸入量の９割前後をロシア産が占めているからです。

ロシア産カラマツ単板は強度面で優れており、日本国内の数多くの合板メーカーで使われています（**写真Ⅰ・15**）。性能面のほか、乾燥されて日本へ輸入されるため、国内の合板工場での乾燥工程が省け、作業効率が高く増産効果も高いのです。

国産材スギを合板用原料にできるのもフェイスとバックにロシア産単板を使っていたからです。強度を担保するためです。ロシア産単板あってのスギ合板なのです。住宅メーカーの多くもこれを

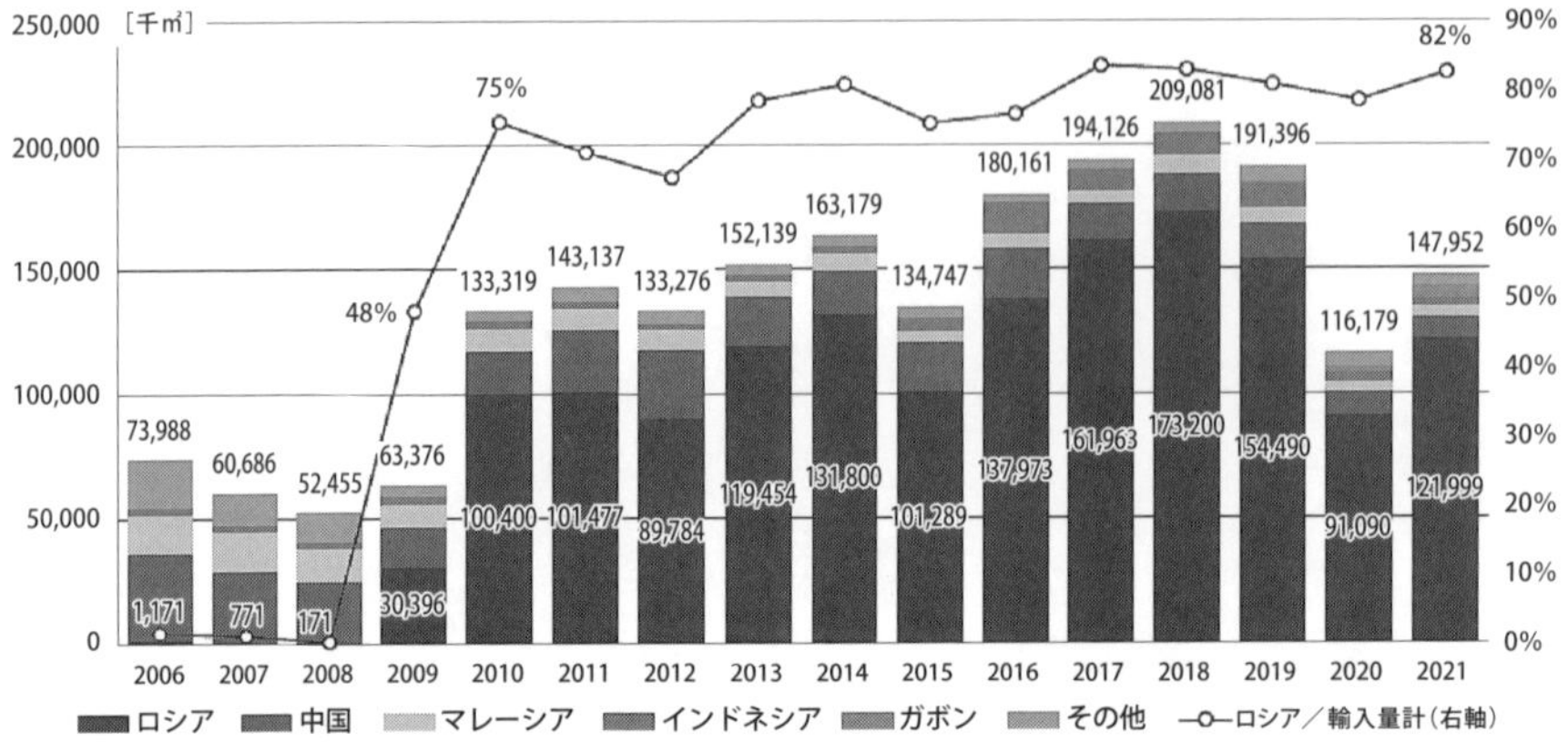

図Ⅰ・18　国別単板輸入量の推移
出所：財務省「貿易統計」

前提に国産スギ構造用合板を使ってきました。

しかしロシア産単板が入手できなくなると、その代替材の模索が始まることは必至です。

合板業界は「戦時体制」に入ったといっても過言ではありません。東日本ではカラマツ、アカマツ、西日本ではヒノキが注目され、その争奪戦が激化することが予想されます（2022年6月中旬現在で東北のカラマツ丸太の工場着値は2万7000円から3万1000円／㎥です）。現在、国産材丸太価格で一番高いのはカラマツなのです。

外材ではさしあたりラジアータパイン、米マツが有力候補ですが、このほかポプラ、ユーカリ、アカシアマンギウム、カメレレなども候補に上ります。問題は価格と強度と供給力です。住宅市場でいかにして認知してもらえるのか。これらの樹種をいかに効率よく使うのかが課題になってくるでしょう。

もう1つ日本の合板メーカーにとって重くのしかかる問題があります。国産材カラマツやヒノキ

写真Ⅰ・15　ロシア産カラマツＫＤ単板

がロシア産単板の代替材としての見通しがたったとしてもそれをきちんと乾燥させる設備を導入しなければならないからです。というのも前述のようにロシア産単板は乾燥処理されて日本へ輸入され、それを前提に日本の合板メーカーが国産材針葉樹構造用合板を製造していたからです。しかし、今後ロシア産単板輸入が当てにならないとなるとオール国産材の針葉樹構造用合板化が進むことでしょう。

ロシア産製材品禁輸の可能性も視野に

さて今回のロシアによる禁輸措置のなかには製材品は含まれていませんが、今後の成り行き次第で予断は許されません。そこでロシア産の製材品輸入の現状について触れておきましょう。

かつての日本ではロシア産丸太を輸入して製材するのが主流でしたが、２００８（平成20）年４月からロシアで針葉樹丸太の輸出税を25％にアッ

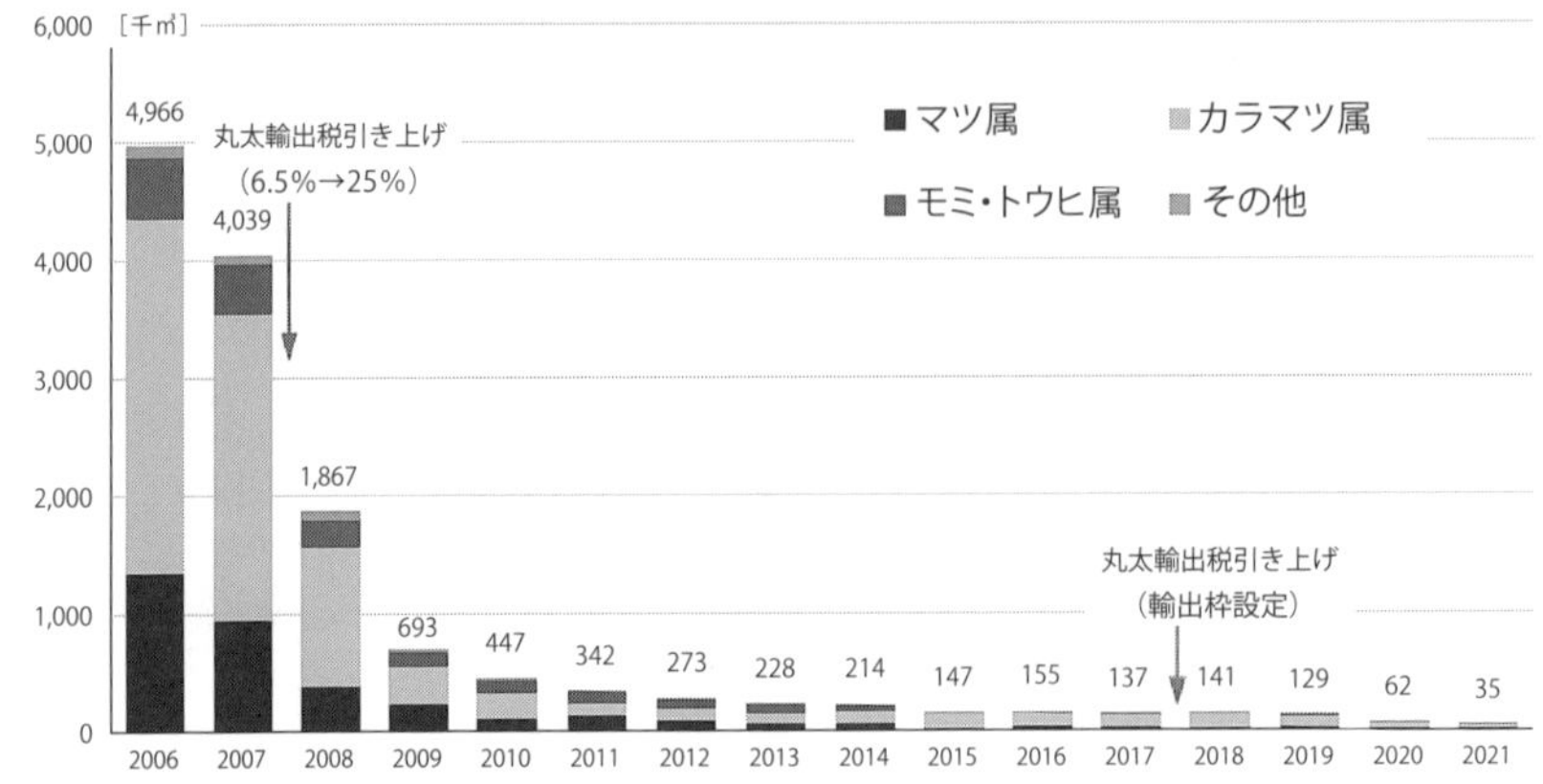

図Ⅰ・19　ロシアからの丸太輸入量の推移
出所：財務省「貿易統計」

プした時点で事実上終焉しました（**図Ⅰ・19**）。2021（令和3）年のロシアからの製材品輸入量は約85万㎥、これはわが国の製材品輸入量の18％を占めています。製材品の多くはタルキ、胴縁、桟木などのKD羽柄材です（一部再割用の原盤も輸入されていますが量的には製材品が圧倒的に多いです）。生産地はロシア・イルクーツク州です。日ロの合弁企業の製材工場（1987〈昭和62〉年に日ソ合弁企業第1号となったイギルマ大陸が有名です）で挽かれた製品がワニム港やナホトカ港から日本へ輸出されています。ロシア・ウクライナショックが始まる前に、飯田グループホールディングスがロシア極東の最大林産企業ルシアン・V・ラシュケヴィッチCEOを買収したことも記憶に新しいところです。2021年の日本への製品輸入量は84万6000㎥です。ロシア産製材品は関東、関西、北陸地域で流通しており、九州での流通はほとんどありません。

前掲31頁**図Ⅰ・5**をもう一度ご覧ください。第

１波の最中、都内の大手製品市売問屋で調べた東京・首都圏の羽柄材市場の様子です。製品別に見ていきましょう。まずヌキ、胴縁ですが、この分野では国産材スギグリン材（未乾燥）が多用されています。つぎにタルキを見ますと米マツＫＤ（人工乾燥）、米ツガＫＤが多く使われています。この分野が「第3次ウッドショック」第１の波をもろに受けたのです。タルキについてもう１つ注目してください。ロシアアカマツＫＤもあるのです。さらに野縁はロシア産カラマツＫＤがメインです。もし、ロシア産製材品の禁輸が実施されれば、これらの羽柄材は日本へ入ってこなくなります。大いに警戒すべきでしょう（事実、ロシア・ウクライナショック後、東京・首都圏の製品市場ではロシア産アカマツタルキの荷動きがにわかに活発化しました。２０２２〈令和４〉年3月4日に開かれたある製品市場の記念市では買い方がロシア産タルキに殺到し、数10梱包が10分足らずで売れたということです）。

「木造建築工事」の業種で8割超えが仕入れ困難

ロシア・ウクライナショックが影響を与えたのは合板業界や製材業界だけではありません。㈱帝国データバンク・情報統括部が行ったアンケート調査によれば、「木造建築工事」など木材を扱っている業種で、企業の８割超えが仕入れ困難を余儀なくされています（図Ⅰ・20）。ある木造建築会社は「木材などの材料の入りが悪くなっている品目が増えつつある。木材価格についても今後より一層の高騰が考えられるため、仕入れが難しい品目が増えてくると予想。受注時にも仕入れできないものがある可能性を説明する必要があり、受注を妨げる要因となっている」と話しています。

また興味深いのは、ロシア・ウクライナショックによって仕入れ関連問題に直面している企業の１割近くが生産拠点の国内回帰を検討していることです。わが国の製材業界や合板業界でも生産拠

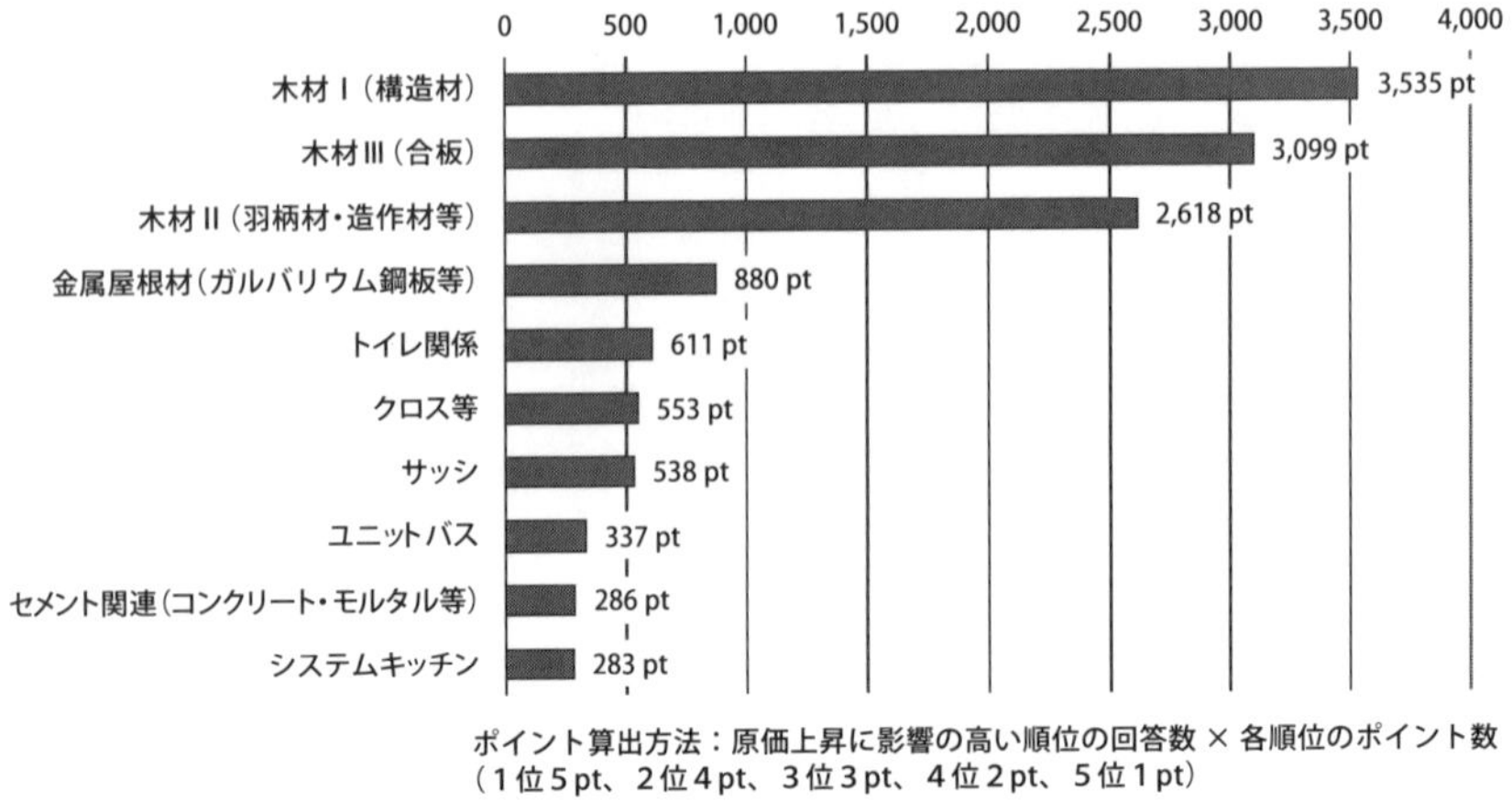

ポイント算出方法：原価上昇に影響の高い順位の回答数 × 各順位のポイント数
（1位5pt、2位4pt、3位3pt、4位2pt、5位1pt）

図Ⅰ・20　工事原価上昇に影響している建材・住宅設備
出所：「日本住宅新聞」2022年5月15日付

点の国内回帰（自国の森林資源を原料基盤とした生産）を本気で検討せざるを得ない時期かもしれません。

以上はロシア・ウクライナショックが直接日本の合板業界や製材業界に与える影響ですが、間接的な影響も考えられます。というのも今回の禁輸措置の矛先は欧州だからです。欧州ではロシア、ベラルーシ、ウクライナからの林産物は重要な貿易資源になっています。こうした国々からの林産物が欧州で減少すると、欧州内の林産物需給が緊迫度を増すことは容易に想像できます。このため日本を含む極東への林産物輸出量が減少する恐れがあります（「日刊木材新聞」２０２２年３月14日付）。

「第３次ウッドショック」〈第３波〉

２０２２年前半までは米国の住宅着工は堅調

さて本稿のメインテーマ「第３次ウッドショッ

ク」第3波の考察に入りましょう。前述のように「第3次ウッドショック」の主因はコロナ禍不況対策でとられた金融緩和政策による米国の新設住宅着工件数の増加でした。これに伴って米国の木材需給が逼迫し、それが太平洋を渡って日本へ波及したことにほかなりません。

その米国ですが、先進国のなかでも移民を含めて人口は増加傾向にあり、中長期的には住宅需要は堅調に推移するというのが大方の予測でした。事実、2022（令和4）年当初時点では新設住宅着工件数に衰えは見られませんでした。「ナイス北米通信」（2022年1月7日付）によれば、米国アナリストたちによる2022年の新設住宅着工件数は堅調に推移するという予測が多かったのですが（その平均は162万戸/年です）、2022年3月17日の米国センサス局の公表によれば、同年2月の住宅着工件数（年率換算、季節調整済み）は176万9000戸となり、市場予測を大幅に上回りました。建設コストの増加や労働力不足の逆風にもかかわらず新設住宅着工件数は増加していました。

また住宅着工の先行指標となる2022年1月の住宅建設許可件数（季節調整済、年率換算）は189万9000戸（前月比+0・7%）と市場予想中央値（ブルームバーグ集計）の175万戸（前月比▲7・2%）に反して増加しました。

こうした順調な住宅着工を背景に、米国では住宅用木材価格が急騰、シカゴ・マーカンタイル取引所（CME）の先物価格は1週間余りで一時16%上昇し、約10ヵ月ぶりの高値を付けました。こうした状況を踏まえ「米国ではこれから木材需要期の夏を迎える。『住宅需要は依然として旺盛とみられ、木材相場はしばらく高止まりしそう』（商社）」で、「米国相場の高騰は日本の木材輸入価格の押し上げ要因の可能性がある」（「日本経済新聞」2022年3月10日付）との見方が大半でした。

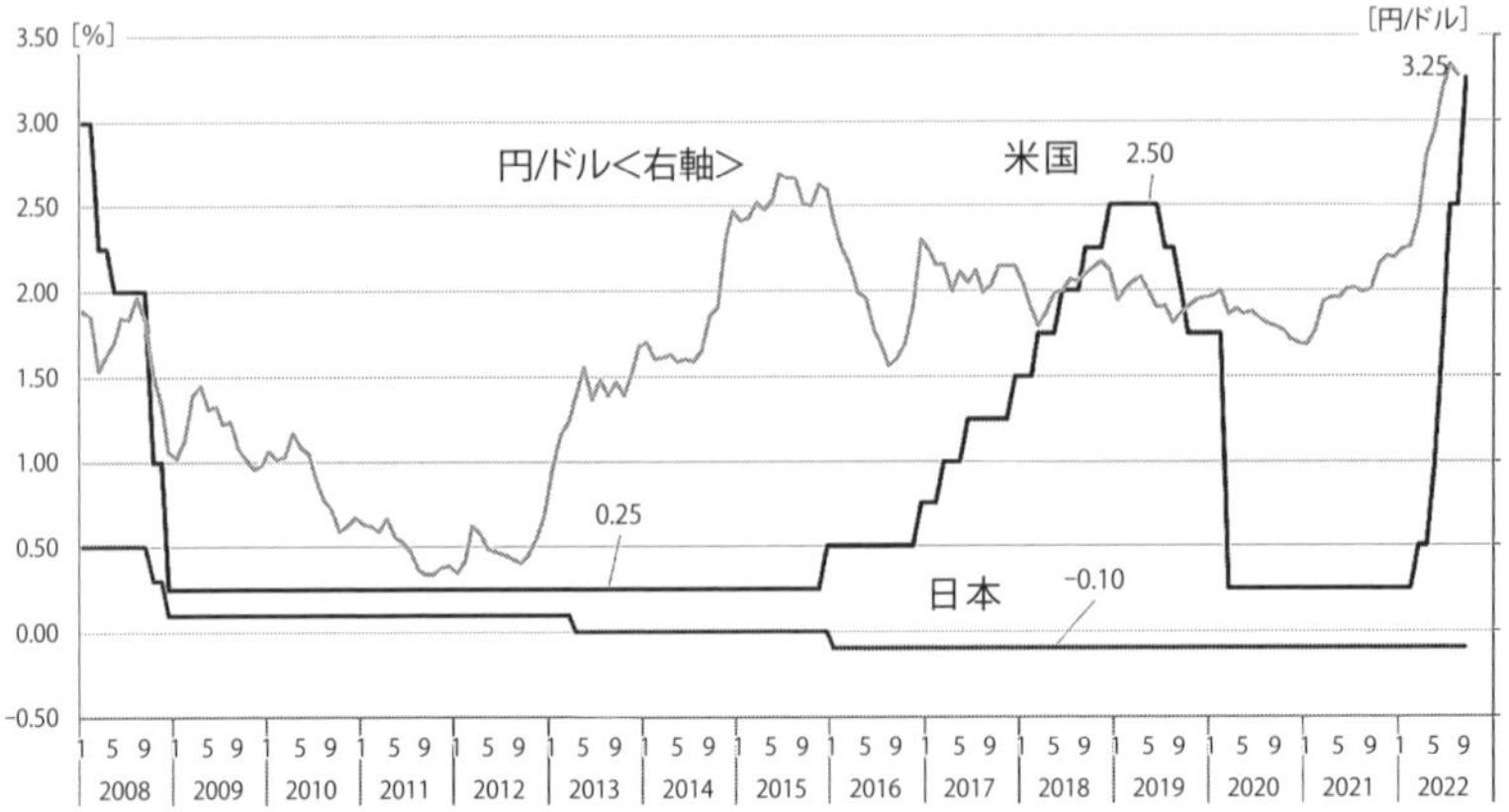

図Ⅰ・21　日米政策金利と為替レートの推移

住宅ローン金利引き上げ、住宅着工減少へ

ところがここにきて異変が起きたのです。米国連邦準備理事会（ＦＲＢ）がインフレ抑制のため金融引き締め政策をとり（**図Ⅰ・21**）、その一環として長期固定住宅ローン金利が引き上げられました。30年ローンの住宅金利は３％から７・08％へと大幅に上昇しています。金利がここまで上がると、潜在的な住宅購入者は判断を躊躇せざるを得ないでしょう。というのも例えば、１０００万円を30年ローン（３６０回）で借りた場合、３％の金利が７％へと上昇すると、利払いが４５１万円から一挙に１０５３万円へと増加するからです。日本の金融機関も住宅ローン金利を上げましたが、その内容は大手３行が０・03～０・15％の上昇にとどまっていますから、米国の住宅ローン金利の上げ幅がいかに大きいかがわかると思います（**注３**）。

これに伴い、２０２２（令和４）年９月度の新

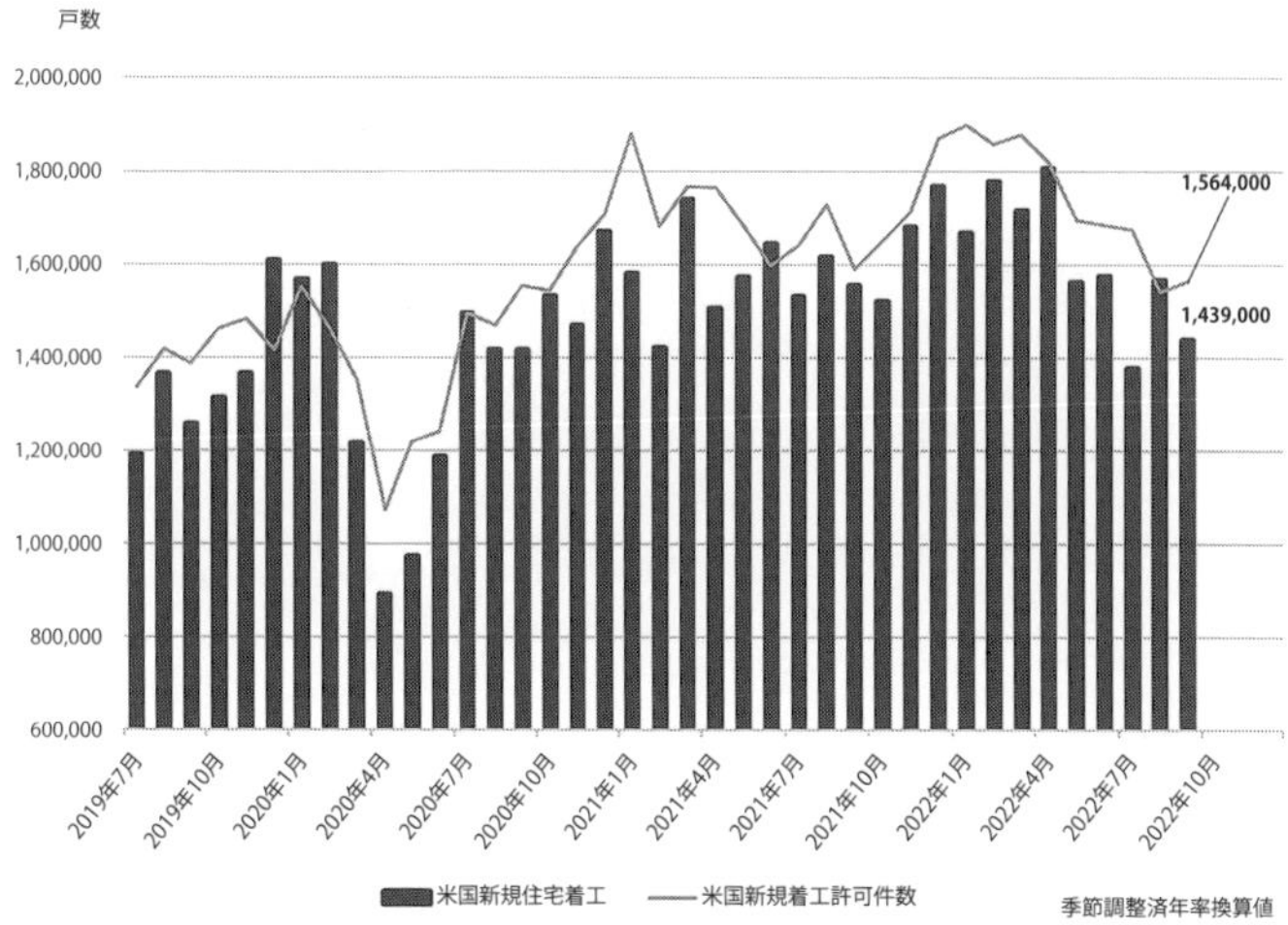

図Ⅰ・22　米国新規住宅着工件数＆許可件数 推移
出所：ナイス北米通信（2022年10月21日付）

設住宅着工件数は年率換算（季節調整済み）で１４３万９０００戸になりました。これは前月比８・１％減、前年同月比７・７％減で市場予測の１４６万５０００戸を２６００戸下回りました。また先行指標である新規建築許可数は１５６万４０００戸にとどまりました（**図Ⅰ・22**）。

全米建築協会（ＮＡＨＢ）発表の住宅指標指数（Builders Confidence Index）は前月の46から８ポイントの大幅な低下で38ポイントを記録し、市場予測の43ポイントをはるかに下回りました（指数の低下は10ヵ月連続です）（以上、「ナイス北米通信」２０２２年10月21日付）。

連邦住宅貸付抵当公社（フレディマック）のチーフエコノミスト、サム・カテル氏はこう語っています。「これらの金利上昇は、インフレと金融政策の方向性に対する見通しが変化した結果である。住宅ローン金利の上昇が続くことで、我々が体験してきた、コロナ禍に伴う猛烈ペースの住宅活動を減速させ、最終的によりバランスの取れた住宅市場につながるだろう」（「キャンフォー・レポート」VOLUME193, 2022.6）とコメントを寄せています。

また米国国勢調査局は新築・既存住宅の販売減少について次のように報じています。「米国住宅市場は労働力不足、サプライチェーンの問題に加えて、直近の住宅ローン金利と住宅価格の上昇が（住宅）購入希望者を市場から遠ざけています」と。

さて読者の皆様、これをどうご覧になりますか。米国におけるウッドショックは終わったと見ますか？　それとも当分続くと見ますか？　この解釈の違い、日本の「第3次ウッドショック」の行方を占ううえで極めて重要です。

問題提起を含めてあえて私見を披露しましょう。「第3次ウッドショック」は終わったとは断言はできませんが、調整期に入ったことは間違いないでしょう。

繰り返しになりますが、米国で金融引締政策に伴って新設住宅着工件数が減少しています。当然木材需要が鈍化し価格も下がります。木材先物相場動向にもそれが表れています。「7月物は先週の$700から$616（−$84、12・0%減）、9月物は先週の$695〜$632（−63$、9・06%減）、11月物は先週の$685〜$650（−$35、先週比5・38%減）」となりました（「ナイス北米通信」Vol.723、2022年6月3日付）。

問題はだぶついた丸太や製材品を、米加両国のサプライヤーは「第3次ウッドショック」以前のように日本への輸出を再開させるかということですが、私はその可能性大と見ています。しかし読者のなかには昨今の超円安でそれは不可能だろうと見る向きもあると思います。

確かに円安は海外からモノを買うときは不利になります。つまり輸入品価格が高くなってしまうので、輸入を行う企業にとっては不利な状況を強いられます。しかもインフレです。輸入品価格は急騰しています。

　しかし米加両国の木材サプライヤーが仮に2割安、３割安で日本へ丸太や製材品を売ったらどうなるでしょう。つまり為替の壁をバーゲンセールで乗り越えるというビジネスです。私はこの可能性はあると思います。

　もう1つ理由があります。それはロシア・ウクライナショックによる影響です。従来、北米にとって中国市場は最大の木材輸出先ですが、徐々に輸出量は減っています。それが前述のように、ロシアは「非友好国」に対して木材（原木、チップ、単板）の禁輸措置をとりました。輸出量の減った分、中国へ輸出しているのです。米国の木材業界誌「ランダムレングス」は「中国の輸入市場におけるロシアのシェアは着実に上昇しています。針葉樹総輸入量の約6％を占めて、前年比59％の増加になりました」と報じています（「ナイス北米通信」２０２２年6月10日付）。北米の対中国向け輸出量が減った分、日本の木材市場を視野に入れることは十分考えられます。いずれにしても北米の木材市況は徐々に調整に向かっていることだけは間違いありません。


注3：米国の固定金利の違いが施主の返済金額にどのような違いをもたらすのか、現役の銀行マンに資産してもらいました。その結果は次のようになりました。

　借入金額５０００万円、借入期間30年（固定金利）とします。返済方法は毎月元利均等払いです。２０２１（令和３）年1月の金利２・65％の場合は、総返済額（日本円）は７２５３万３１６０円でした。その後２０２２年6月の金利は6・20％に上昇しました。この金利ですと返済総額は1億１０２４万４２４０円になります。

　金利の引き上げによって、米国民にとって住宅取得が難しくなるという理由の一端が如実に示されていると思いませんか？

1ドル80円の木材購買力

　この議論を深めるために円／ドル相場の推移について整理しておきましょう。**図Ⅰ・23**をご覧く

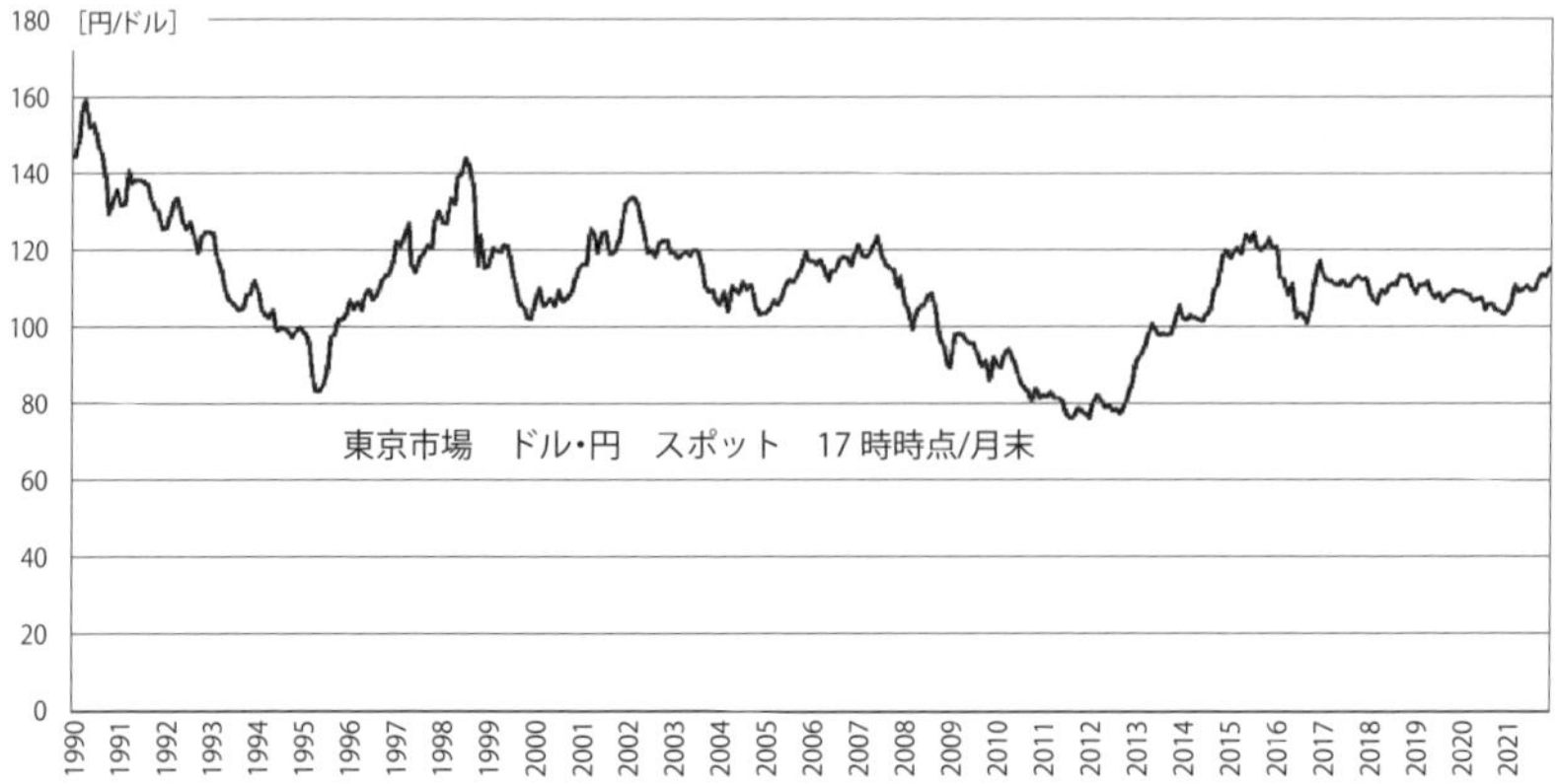

図Ⅰ・23　ドル・円　為替レート推移
出所：日本銀行統計データ

ださい。ドル・円の為替レートの推移を示したものです。１９９５（平成７）年にはほんの一瞬でしたが1ドルが80円を割り込みました。

それがどうでしょう。１９７２年以来、50年ぶりの低水準になってしまいました。このことは円の対外的な購買力が下がっていることにほかなりません。この点「第３次ウッドショック」後をどう考えるかで重要な点です。「第１次ウッドショック」との決定的な違いです。再び**図Ⅰ・23**をご覧ください。「第１次ウッドショック」が起きたのは１９９２～93年です。バブル崩壊直後とはいえ、日本は「ジャパン・アズ・ナンバーワン」と持てはやされるほどの国力（国富）をもっていました。

その円高にモノを言わせ、米材が入らなければよその国から木材を買う力が十分ありました。事実、それまで日本の木材市場には馴染みの薄かった北欧３国（ノルウェー、スウェーデン、フィンランド）をはじめ、東欧、アフリカ、中国など世界

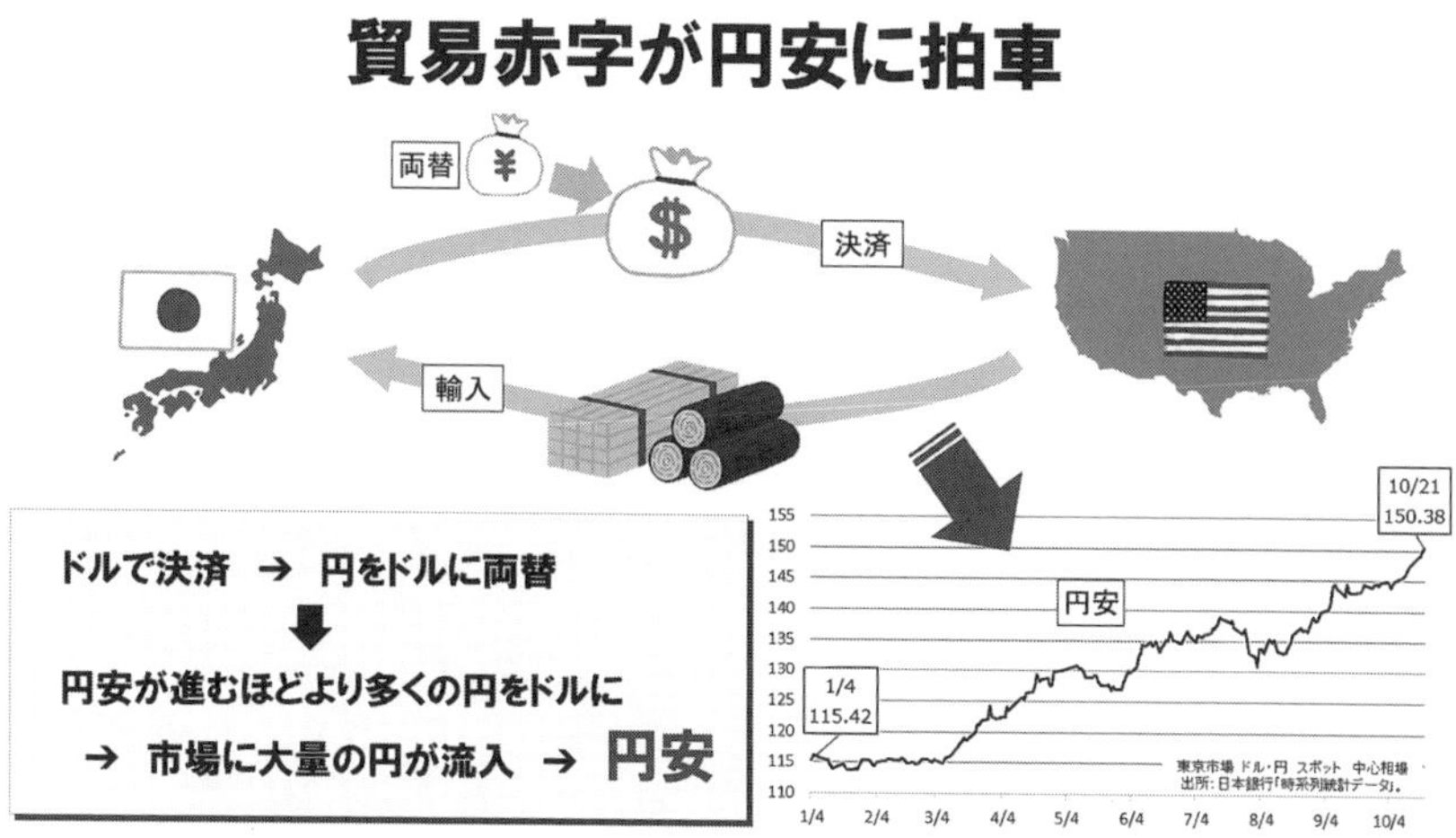

図I・24　貿易赤字と円安の関係

各地から大量の木材が輸入されました。結果、急騰した日本国内の米材相場は反落してしまいました。金融業界でいう「行ってこい」（プラスマイナスゼロ）になり、国産業界が期待したワンランク上の国産材価格体系は実現できませんでした。

1ドル140円台の木材購買力

ところがどうでしょう。直近の1ドルは１４０円台。簡単にいえば1ドル紙幣を80円で両替できたのが、今では１４０円を払わないと1ドルが入手できないのです。これだけ日本の国力は低下したのです。

また貿易赤字が円安に拍車をかけます。**図I・24**で説明しましょう。例えば米国から木材を輸入する場合を考えてみましょう。その際の決済はドル建てです。したがって円をドルに両替しなければなりません。円安になればなるほどより多くの円をドルに換えなければなりません。結果、大量の円が市場に流入し、ますます円安に拍車をかけることになります。ここにも「第1次ウッドショック」と今回の「第3次ウッドショック」の木材貿易に大きな違いが見られます。

ところで私は1949（昭和24）年生まれです。敗戦後の国力が疲弊している時期です。しかし朝鮮戦争特需を契機にわが国は高度経済成長期に入りました。さらに1980年代半ばから90年代初期にかけてバブル経済を経験しました。古き良き時代を身をもって経験しているだけに、現在の日本の国力低下は残念でなりません。しかし私たちはこの現実から目をそらしてはいけません。

なにができるのか？　今、林材業関係者1人ひとりが自問自答すべきではないでしょうか。日本には資源らしい資源はありませんが、唯一1000万haに達する人工林があります。自国のこの豊富な森林資源とどう向き合うかが今、試されているのです。

日本の木材市場では外材がだぶつき気味

さて、ここ2、3月とても気がかりなことが日本の木材市場で起きています。外材製品がだぶつき始めているという情報が飛び交っているのです。前に触れましたが、わが国最大の木材流通基地である東京木材埠頭（15号団地。**写真Ⅰ・16**）では**図Ⅰ・25**のように2021（令和3）年始め頃から北米、欧州材、ロシア材を中心に目立って在庫量が増え、2022（令和4）年夏頃には16万㎥に達しています（一説によれば20万㎥ともいわれています）。東京に限らず、大阪、名古屋の港でも同じような状況が見られます。しかし不思議なことに外材価格は下がっていないのです。

読者の皆様、この状況をどうご覧になりますか。奇っ怪な出来事と思いませんか。外材が足りない足りないと大騒ぎして「第3次ウッドショック」が起こったのにもかかわらず、肝心の外材の在庫が増えているのです。

写真Ⅰ・16 東京港15号団地は外材で満杯

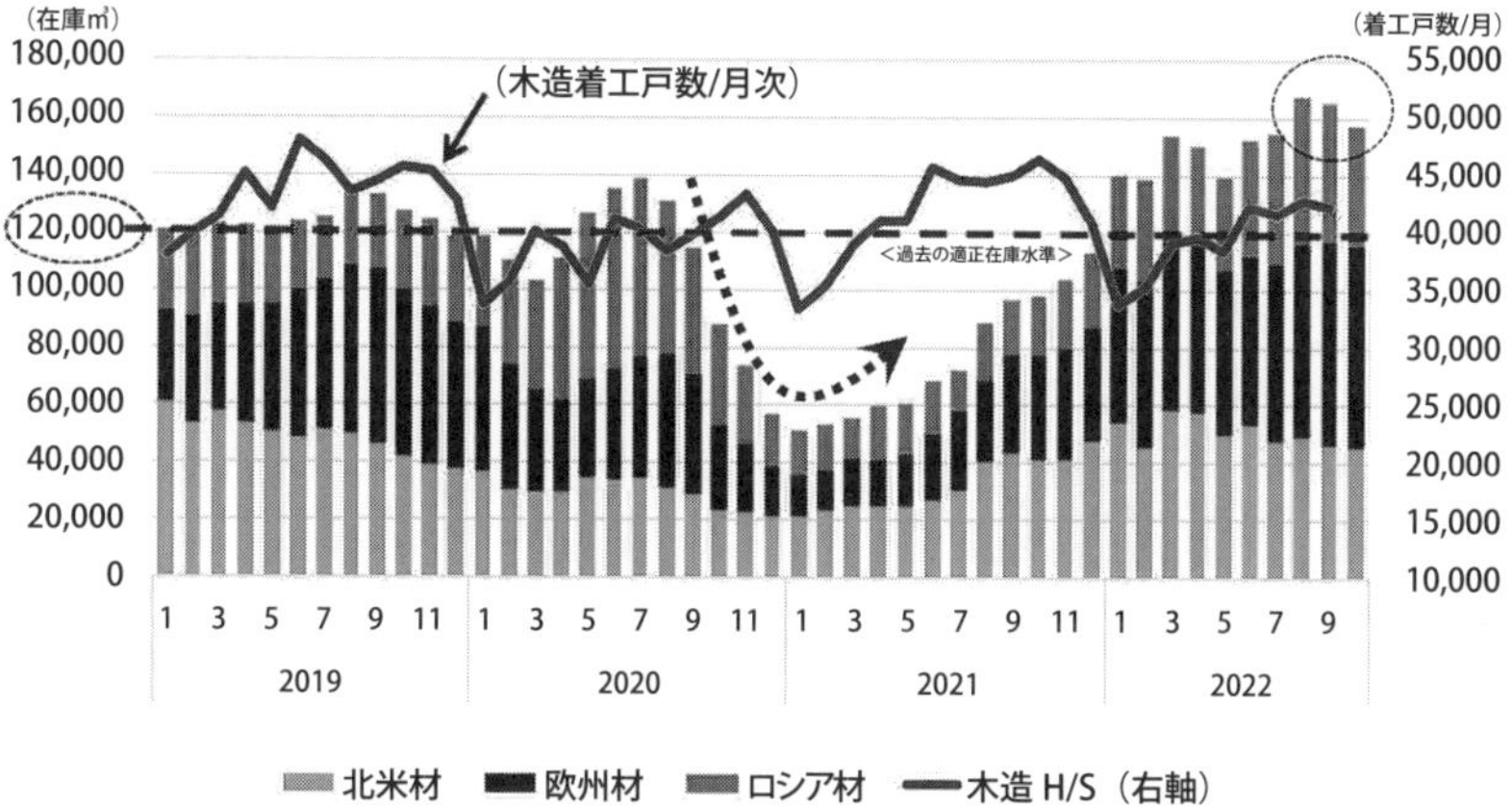

図Ⅰ・25 東京15号地の外材在庫量木造住宅着工戸数の推移
出所：林野庁木材産業課資料

私はこのような出来事が起きた背景を次のように考えています。

第1は、商社の思惑買いでしょう。買い過ぎたのです。

第2は、住宅メーカーや工務店の一部が木造住宅を外材から国産材仕様に転換したことが考えられます。

第3は、わが国の木造住宅着工戸数が低迷していることです（商社にとっては当てが外れたと思います。国土交通省「住宅着工統計」によれば、2022年12月の「持家」の減少は13ヵ月連続です）。

2022（令和4）年4月の建築実績は4万戸（前年同月比97％）にとどまっています。木造住宅市場の低迷には次のような事情があります。インフレによる消費者マインドの冷え込みです。日常生活でもスーパーやコンビに行ってもそれは実感できます。住宅も例外ではありません。製材品、合板、建材だけでなく住宅設備機器も値上げの価格改定が行われています。生涯の買物になる住宅については「もう少し様子を見よう」というのは当然の消費者マインドでしょう。

こうした状況のもとで、丸太価格も製材品価格も徐々に下落が始まっています。それは官庁統計にもくっきりと表れています。農林水産省『木材流通統計調査（木材価格・令和4年6月）』によれば、スギ中丸太価格（径14～22㎝、長3・65～4m）の価格は1万7800円／m³で対前月比99・4％です。スギ正角（乾燥材）は13万1400円／m³で対前月比99・7％です。実際、原木市売市場や製品市売市場に問い合わせても、丸太や製材品価格はじりじりと下がっています。

表Ⅰ・1は九州を代表するような力をもった森林組合共販所の最近の市況の変化を見たものです。左が「第3次ウッドショック」前、中央が「ショック」真っ最中、そして右が現在の市況です。ご覧のように、最近はほとんどが下げ基調に入っています。

製品も同様です。2022年6月29日に開催さ

表Ⅰ・1　九州の森林組合共販所　2020～2022年の市況変化

令和2年 6月 22日

樹種	長さ	区分	6/22市	総材積 1,724㎥ 平均単価 7,960円		前回市			前回比
		径級	A・AB材	B材	C材	A・AB材	B材	C材	
スギ	4	5～7	150						→
		8～11	400		300				→
		12～13	9,760		8,100				↘
		14～16	10,300	8,800	7,300				→
		18～22	11,000	10,000	9,360				→
		24～28	10,200		9,450				→
		30～34	10,800		8,600				→
		36～38	9,000						→
		40上	9,500		7,100				→
	3	5～8	100						→
		9～11	200						→
		12～13	12,260		7,200				→
		14	10,380	8,260	7,300				→
		16～18	10,300						→
		20～22	10,200		7,300				→
		24～26	9,360	7,340					→
		28～34	9,000		6,700				→
		36上							→
ヒノキ	4	5～7							
		8～11							
		14							
		16	11,000		9,200				弱気
		18～22	10,500						
		24～28	10,100		8,500				
		30～34							
		36～38							
		40上							
市況						保合			
備考									

令和3年 6月 22日

樹種	長さ	区分	6/22市	総材積 3,281㎥ 平均単価 16,279円		前回市 (6/8)	総材積 3,779㎥ 平均単価 14,645円		前回比
		径級	A・AB材	B材	C材	A・AB材	B材	C材	
スギ	4	5～8	150			150			→
		9～11	480		340	480		340	→
		12～13	15,870		11,300	15,290		11,000	↗
		14～16	22,000	21,000	16,200	19,900	19,210	14,600	↑
		18～22	24,500	24,000	22,500	21,000	19,730	16,860	↑
		24～28	25,000		23,000	20,990		16,990	↑
		30～34	24,600		20,000	20,670		17,500	↑
		36～38	20,700		16,000	17,700		13,810	↑
		40上	19,000			17,000		13,810	↑
	3	5～8	100			100			→
		9～11	200			200			→
		12～13	15,590		9,200	15,150		9,200	↗
		14	18,190	19,900	11,800	17,650	18,260	11,500	↗
		16～18	20,900			20,800			→
		20～22	20,000		16,400	20,000		16,260	→
		24～26	18,700	16,890		18,700	17,520		→
		28～34	17,650		10,500	17,100		13,980	↗
		36上	14,000			14,000			→
ヒノキ	4	5～11	398			398			→
		12～14	16,900		15,700	15,890		14,690	↗
		14	25,100			22,000			↗
		16～18	30,000		21,880	26,880		20,050	↗
		20～22	28,000			22,900			↗
		24～28	24,300		21,880	22,300		20,050	↗
		30～34	23,000	22,000	21,300	25,200			↗
		36～38	23,100			25,200	21,500		↗
		40上				25,200			
市況						横ばい			
備考									

令和4年 7月 11日

樹種	長さ	区分	7/11市	総材積 5,182㎥ 平均単価 11,804円		前回市 (6/22)	総材積 4,449㎥ 平均単価 12,307円		前回比
		径級	A・AB材	B材	C材	A・AB材	B材	C材	
スギ	4	5～8	150			150			→
		9～11	400		300	400		300	→
		12～13	11,200		9,400	13,700		9,900	↘
		14～16	16,400	14,660	10,210	16,200	14,880	11,780	↘
		18～22	15,500	14,200	9,090	16,700	14,700	9,300	↘
		24～28	15,500	13,800	9,060	16,090	14,550	9,300	↘
		30～34	15,500	14,000	8,810	15,700	14,000	8,400	↘
		36～38	13,000		12,000	13,000		12,000	→
		40上	11,600			11,700			↘
	3	5～8	100			100			→
		9～11	200			200			→
		12～13	14,000		7,500	16,000		7,800	↘
		14	16,300		9,800	17,100		9,200	↘
		16～18	18,100	14,610	9,100	18,100	15,000	10,000	↘
		20～22	15,800		9,100	17,000		10,000	↘
		24～26	17,330	14,100		17,210	14,040		→
		28～34	12,600		8,100	12,600		10,300	↘
		36上	12,000			12,000			↘
ヒノキ	4	8～11	400			320			↖
		12～14	9,500			10,000			↘
		14							
		16～18	15,610		10,000	15,000		8,010	↘
		20～22	18,800			23,000			↘
		24～28	23,500		8,030	22,810		16,660	↘
		30～34	19,200		8,500	22,200		16,600	↘
		36～38							
		40上							
市況						下げ			
備考									

れた令和4年・第1回九州森林管理局国有林材供給調整検討委員会「議事概要」（同局HPで公開）を見てもそのことが窺えます。とくに注目したいのは「首都圏の方々に聞くと輸入材が相当入ってきているというか、予定されていた物が重なって一気に入ってきたという状況。昨年は首都圏がプライスリーダーになって高値を付けていったが今年は逆に首都圏から価格が落ちていくのではと考えている」という指摘は傾聴に値する意見です。

「第3次ウッドショック」が起きたときはまず東京・首都圏の外材価格が上がり、それが南下して南九州の国産材（丸太・製品）価格が上がりしました。しかし今度は逆の現象が見られそうな気配です。東京・首都圏を中心にだぶつき始めた外材によって価格が下がり、それが地方へ波及していく可能性が強いのです。前述のように北米では木材市況は調整に向かい始めました。日本も同様です。その結果木材価格が暴落するのか、それとも軟着陸するのか、今の時点では予測が困難です。しかし、いずれにしても価格暴落をも視野に入れて警戒心を怠らないことが必要でしょう。

このように「第3次ウッドショック」のなかで資源はインフレの様相を呈していますが、製品流通はじつはデフレなのです。これが「第3次ウッドショック」の偽りのない現在の姿です。私たちはこの現実から目をそらすべきではありません。私たち直視して、これから私たちがなにをすべきかを真剣に議論すべきときだと思います。そのためには米国の30年住宅ローン金利の推移や木材先物相場の動向を注意深く見守っていくべきでしょう。

【補論】

「第1次」「第2次」ウッドショックとは?

これまで「第3次ウッドショック」という言葉を使ってきましたが、「第3次」というからには「第1次」「第2次」ウッドショックがありました。以下では「第1次」「第2次」ウッドショックがどこでどのようにして発生し、日本の森林・林業・木材住宅産業にどのような影響を与えたのか、さらに「第3次ウッドショック」との関連性ありやなしやについても考えてみたいと思います。

「第1次ウッドショック」は1992年～93年、米国西岸のワシントン州、オレゴン州を中心に起きました。その発端は環境問題でした（**注4**）。マダラフクロウやマダラウミスズメに象徴される「絶滅の危機にある動物」の生息保護をめぐって環境保護団体と林産業間で激しい対立が続いていましたが、結局、2州の連邦有林の天然林木（オールドグロス）の立木伐採及び販売が禁止されました（当時の米国副大統領は民主党のクリントン政権のアル・ゴア氏です。『不都合な真実』でノーベル平和賞を受賞しました。同氏は当時、全米の林産業よりも環境を優先すると豪語したものでした）。

当時、米国連邦有林の立木販売量は年間伐10 0億BM（Board Measure、約4523万㎥）以上あり、その大部分がワシントン、オレゴンの2州に集中していたため、現地の木材産業界は大混乱に陥りました。その結果、米マツ、米ツガともに価格が高騰しました。

「第1次ウッドショック」は、日本はもちろんのこと、全世界の木材市場に大きな影響を与えました。それを整理すると次のようになります。

第1は、立木伐採の対象が天然林から人工林へと移行しました。米国でいえばオールドグロス林（前掲49頁**写真Ⅰ・10、Ⅰ・11**）、セカンドグロス林、サードグロス林（前掲50頁**写真Ⅰ・12～Ⅰ・14**）への移行です。

これによって第2に、林木の伐期は長伐期から短伐期へと変わりました。

これに伴って第3は良質材から並材利用へとウエイトが移ったのです。以上の変化を反映して、第4に木材利用がムクからエンジニアードウッドへと大きく移行したことです。OSB、LVL、合板、集成材が住宅・木材市場へ台頭し始めたのです。

日本も例外ではありませんでした。当時、わが国の木造軸組構法の柱を中心とした角類の多くは北米西岸から輸入される米ツガムク（グリン材）（**写真Ⅰ・17**）でしたが、「第1次ウッドショック」によってその供給力が目に見えて減りました。さらにセカンドグロスの米ツガ柱角が多くなったので（**写真Ⅰ・18**）、節やアテが多く、日本の商社は米ツガの代替材を探し始めました。彼らが目をつけたのがスカンジナビアのホワイトウッド（以下、WW）（**注5**）やレッドウッド（以下、RW。**写真Ⅰ・19**）でした。それを柱の完成品として日本へ輸入するのではなく、集成管柱のラミナ（挽き板）として輸入し（**写真Ⅰ・20**）、それを日本国内で柱にするといういわば一種の国際分業が成立したのです（**注5**）。以後、日本の木造軸組構法住宅の柱はWWが、梁（平角）はRWが席巻していきました。

注4：この環境問題は突如起こったものではありません。すでに1980年代末から東南アジア、アマゾン川流域における収奪型森林伐採に批判が集中していました。これが米国西岸に飛び火したのが「第1次ウッドショック」の発端でした。環境保全団体による森林（特にオールドグロス）の伐採反対運動へと発展していきました。

注5：私は1995（平成7）年、つまり阪神・淡路大震災が起きた年の盆前、秋田県五城目町にあった㈱宮盛のWW集成管柱製造工場を視察したことがありました。ストップウォッチで計測すると中板3枚、表板2枚の計5プライの集成管柱1本を12秒で製造するのです。大きな大きな衝撃でした。

「第2次ウッドショック」とは？

「第2次ウッドショック」は2006（平成18）年に起きました。その主因は、インドネシアのユドヨノ政権（当時）による違法伐採取締まり強化でした。これによってインドネシアの合板工場ではラワンなどの合板用丸太の入荷量が減り、日本へ輸入されるインドネシア合板（特に薄物合

写真Ⅰ・17　米ツガ小角（3寸角）

写真Ⅰ・18　対日輸出用の小角（バンクーバーの製材工場）
セカンドグロス米ツガ柱角

写真Ⅰ・19　レッドウッド（RW）の天然林（スウェーデン）

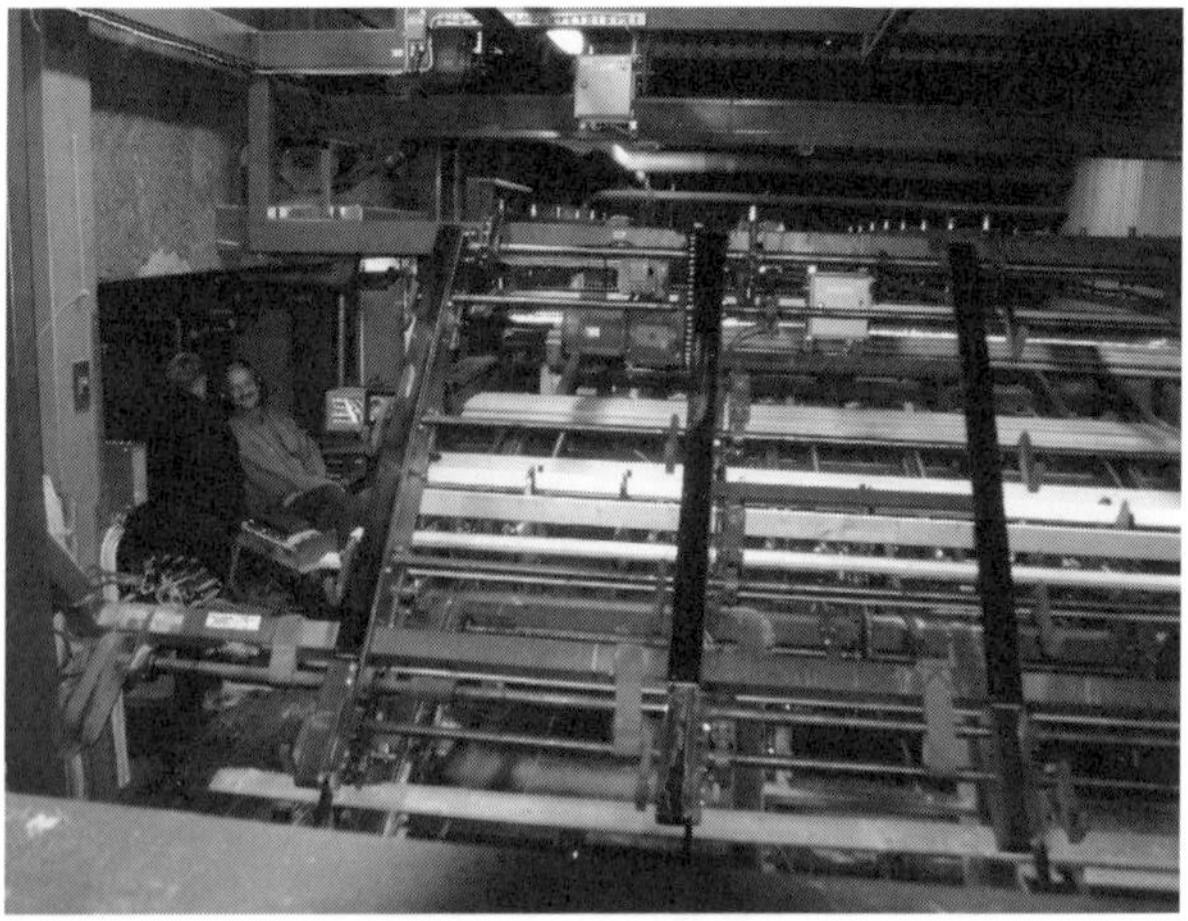

写真Ⅰ・20　WW集成管柱用ラミナの製材（スウェーデン）

板）需給がタイトになり価格急騰をもたらしました。

しかしより深刻な問題は、インドネシアから輸入される合板だけでなく、日本国内で製造される合板も巻き込んで価格が急騰したことです。当時、日本の合板メーカーの多くはロシア材（北洋材）を原料にしていました。そのロシア産丸太の産地価格が急騰したのです。その背景にはロシア政府による丸太輸出課税のアップがあります。ロシア政府がそれまで６・５％だった輸出課税を80％に引き上げると公表したのですが、ＷＴＯ（世界貿易機関）から常識の域を超えているとの勧告があって撤回し、実際には25％にとどまりました。これに伴って日本国内で製造されている針葉樹合板が値上がりしたのです。

これを契機に、日本の合板メーカーはこぞって国産材丸太利用へ大きく舵をとることになりました（それを後押ししたのが林野庁のプロジェクト・新加工流通システムでした。これは見事に成功しました。現在、日本の針葉樹構造用合板の9割以上がスギ、ヒノキ、カラマツなどの国産材です）。

また２００６年という年は、世界中で木材価格が高騰しました。その背景には米国、ＢＲＩＣｓ〈ブラジル〈Brazil〉、ロシア〈Russia〉、インド〈India〉、南アフリカ〈South Africa〉５ヵ国の頭文字を並べたもの〉、中東産油国などの経済成長がありました。

この意味では、「第1次」「第2次」「ウッドショック」のうちで、今回の「第3次ウッドショック」と関連が深いのは「第2次ウッドショック」でしょう。

１９７０年代まで、近代製造業に携わる地域は北米、西欧、日本くらいなもので、その就業人口も世界全体で6億人ほど、世界人口40億人の15％程度でした。それが今では、東南アジア諸国、中国、インド、東欧、ロシアも加わって20億人に達しました（世界人口60億人の3割）。これだけ膨大な人口が近代的製造業に加わっているのです。今後の世界の木材需給を考えるうえでの不可欠の視点です。

中国も今は経済成長で鼻息が荒いですが、やがて国家として衰退していくことは間違いありません。というのもグローバル経済は「賃金の最低争い」の側面を強くもっているからです。世界中に貿易の網が張りめぐらされ、企業は少しでも安い生産拠点（賃金の安い国や地域）を求めて躊躇なく移動します。中国も経済発展によって人件費（賃金）が上昇しています。そうなると次の生産拠点はベトナム→ミャンマー→インド→アフリカへと移行していくことは必至でしょう。この「最低賃金フロンティア」の移行に伴って、第4次、第5次「ウッドショック」が生じることは十分に考えられます。

なぜなら世界の人口が増えているからです。国連は「世界人口推計」で2022（令和4）年11月に世界の総人口が80億人に達したと報じました。人口が最も多いのは中国で14億2588万人、その次がインドの14億1717万人ですが、早晩、中国を抜く見込みだということです。世界の木材需給がいっそう逼迫することは明々白々でしょう。そうなったとき、日本の森林・林業・木材・住宅産業はどうなっていくのか、それを第Ⅱ部で考えましょう。

第Ⅱ部

「第3次ウッドショック」がもたらした日本の森林・林業・木材・住宅産業の課題とは？

はじめに──課題の整理

第Ⅰ部では「第3次ウッドショック」が起きた背景と現状について整理をしました。そのなかで環太平洋地域における日本の森林・林業・木材・住宅産業の立ち位置が次第に浮き彫りにされてきました。それをつづめていえば、以下のようになりましょうか。すなわち木材は国際商品ですので、わが国への木材輸入量の多寡によって市況が大きく左右されます。さらに木材価格は他国の金融政策や人口増加（住宅市場の拡大）など国際的な要因によって振り回される危険性が大きいのです。

わが国の状況を勘案すれば、今後、国力の低下によるさらなる円安が予想されます（現在はドル売り・円買いの「為替介入」によって円が買い支えられていますが、150円台に接近することは間違いないでしょう）。ご存知のように円安が進めば木材の輸入価格は高くなります。したがって外材輸入を前提とした木材の安定供給は困難になることが予想されます。どうしても国内の森林資源を基盤とした森林・林業・木材・住宅産業の仕組みをつくっていかなければなりません。その際、森林資源を持続可能なかたちで、つまり伐って植えて伐って植えていくための可能な木材価格はどうあるべきか？　また、国産材（丸太・製品）の安定供給の仕組みとは具体的にどのようなものなか？を考えていく必要があります。

そこで以下では、その課題を整理し、その対応策について私見を述べてみたいと思います。第1はなんといっても外材の代替材として国産材丸太・製材品が本当に安定供給できるのかといった古くて新しい課題がいっそう鮮明になったことです。

そのためには第2に、日本国内に賦存する1000万haの人工林を原料基盤とした木材・住宅産業を確立することが必要になってきますが、その際人工林経営の持続性をどのように〝担保〟するかという課題です。換言すれば、伐って植えて、伐って植えていくシステムを構築するための国産材丸太・製材品の「適正価格」とはズバリいくらなのかという問題です。

第３は第１・第２から派生する課題になりますが、国産材丸太や製材品を安定供給するインフラ（物流）をどのように構築していくかです。以下ではこの３つの課題に絞って検討しましょう。

協定取引から市売りへ回帰？

第１の国産材丸太・製材品の安定供給ですが、まずは丸太から検討しましょう。残念ながらいくつかの問題点が明らかになりました。国（林野庁）は２０００年代に入り「国産材新流通・加工システム」（２００４～２００６〈平成16～18〉年度）、さらに「新生産システム」（２００６～２０１０〈平成18～22〉年度）という斬新的な施策を打ち出し、そのなかで「素材生産業者の組織化等により、生産コストを削減するとともに、原木需要者との安定的な取引関係を構築」（「国産材新流通・加工システム検討委員会『最終報告』」）する必要性を訴えました。これによって素材生産業者と製材加工業者・合板製造業者との間での協定取引（あるいはシステム販売）が定着し始めました。相場に左右されることなく両方で安定的な丸太の売買ができるからです。ところが「第３次ウッドショック」でそれがないがしろにされたのです。

ないがしろにしたのは素材生産業者ですが、しかし全ての素材生産業者がそのような行為に走ったわけではありません。素材生産業者のなかにはきちんと協定取引を遵守したケースも少なくありません。では彼我の差はどうして生じたのでしょうか。私は素材生産業の「企業化の成熟度」の違いだと見ています。

わが国の素材生産業は１９８０年代末まで技能者（職人）集団でした。つまり親方・子方が「組」組織を形成し、そこで伐採・搬出技能が形成され、次世代へ「奥義」として伝授されていきました。それが1991（平成3）年の台風19号による森林風倒木処理のため高性能林業機械が導入され始めました。以後、それを契機に素材生産業界は企業化を目指すものと、相変わらず技能者集団として活動を続ける2つの組織に分かれました、というのが私の見立てです。そして今回協定取引を反故にした多くの素材生産業者は後者（あるいは新規参入者）です。相場で動く「山師」の感覚から脱却できなかったのです。

だからといって私は彼らの行動を批判するつもりはありません。丸太価格の高い原木市売市場へ出したほうが得するという彼らの心情がわからないわけではないからです。見かけの売手市場に惑わされているからです。

ご存知のように、わが国で丸太・製材品の市売が本格化したのは戦後の朝鮮動乱特需で木材相場がどんどん上昇していた頃です。この売手市場のなかで市売りは大いに発展しましたが、1980（昭和55）年以降、木材市場は買手市場へと変化を余儀なくされます。その背景には二度にわたるオイルショックがありました。以後、原木市売市場では競っても入札を重ねても、バブル期を除けば丸太価格は上がることはありませんでした。

ところが今回の「第3次ウッドショック」で原木市売りは活況を呈しています。協定取引を反故にしてでも市売りに出荷したほうが得だからです。こうしたなかで市売見直し論が出始めています（**注1**）。

しかし考えてもみてください。すでに第Ⅰ部で言及しましたが、今回の「第3次ウッドショック」はウェスタン・インパクト（特に米国の住宅市場の急伸）によって引き起こされたものにほかなりません。日本国内の住宅市場が急伸し、それに国産材が対応できずに国産材（丸太・製材品）価格が上がったのではありません。したがって「売手市場」は見かけの「売手市場」です。それだけに「ショック」が終わった後もこの「売手市場」が継続すると思いますか。私はそうは思いません。そのとき、「山師」感覚から脱却できない素材生産業者はどうするのでしょうか。「すみません、もう一度協定取引をさせていただけませんか」と製材・加工業者に懇願するのでしょうか。世の中それほど甘くないと思います。

注１：例えば「木材建材ウイクリー」№２３２６の特集「原木市場・安定供給と安定価格の要に」（日刊木材新聞社、２０２１年11月８日付）。

国産材の安定供給とはなにか？

さて古くて新しい、そして本書第Ⅱ部の最大のテーマといっても過言ではない国産材（丸太・製材品）の安定供給をどうするのか、それについて私の考えを披露したいと思います。

国産材の安定供給という言葉が出始めたのは１９７０年代後半（昭和50年代前半）に入ってからのことです。『昭和51年度林業白書』及び『昭和54年度林業白書』は今から振り返ってみれば画期的な白書だったと思いますが、そのなかで「域内あるいはその周辺地域において木材の安定的な生産・出荷とこれによる加工流通企業の推進発展が図られるような対策の強化に努めていく必要がある」（『51年度白書』）。さらに「育林、素材生産の計画化、組織化、育林技術の統一化の推進、大量の丸太の集荷ときめ細やかな仕分け等の丸太流通機能の拡大、多様な丸太を消化し得る製材加工機能の充実、生産された製材品の販売機能の確立等を図り、国産材の安定的な供給体制づくり」（『54年度白書』）の必要性を訴えています。そしてこの訴えは今でも十分に通用します。私が両年度白書を画期的と評価した所以です。

ところでこの安定供給という言葉ですが、わかりそうでわからないモヤモヤ感が残りませんか（ちなみに『森林・林業百科事典』日本林業技術協会編〈丸善〉には「安定供給」という項目は載っていません）。私は安定供給というのは需要に対して弾力的、効率的に丸太や製材品などを供給することだと考えています。その理想的な形を次のようにイメージしています。

丸太の安定供給は立木の在庫管理が理想的

まず丸太の安定供給ですが、製材工場を例にして私の考えていることを述べてみます。通常、製材工場が丸太を仕入れる方法としては、原木市場の市売り（セリ）に参加したり、素材生産業者から協定取引などによって直接仕入れます。しかし原木市売市場の場合の市況は相場で動きますし、素材生産業者との協定取引も不安定な側面をもっています（それが今回の「第3次ウッドショック」で露呈されてしまいました）。

そこで私の提案なのですが、製材工場が直接森林所有者から立木を買い在庫として持ちます（製材工場の規模が大きくなればなるほど立木の購入量が増えることはいうまでもありません）。そして必要な時に必要な量を伐採して製材用原木として工場に搬入します（注2）。

ところでこの丸太供給ですが、丸太を中間土場に集積し、そこで在庫調整をしながら製材用、合板用などの需要に充てていくという手法も考えられますが、丸太の在庫では弱点が生じます。とくに梅雨時期の腐れが問題です。丸太の商品価値は半減してしまいます。そこで立木で在庫し管理・調整するのがベターでしょう。需要があったら立木を伐採して丸太として供給する仕組みづくりにほかなりません。

立木の在庫をどう持つかについてはいくつかのパターンが考えられます。1つは中国木材㈱のように社有林として立木を在庫とする方法です。じつはこのパターンが全国で増えているのです。つまり、製材・加工、集成材、合板、木質バイオマスなどの企業が積極的に森林を購入して社有林として集積し、自分たちがその森林を管理して持続性を図っていくというものです。

１例を挙げましょう。東京・新橋に新電力開発㈱という会社があります。木質バイオマス発電事業の提案、運営・管理を行う企業ですが、ユニークなのは木質バイオマス（チップ）を安定的に発電所に供給するために、木質バイオマス発電所周辺の森林を積極的に購入しているのです。つまりチップ用丸太の供給を素材生産業者に頼るのではなく、自社で責任をもって供給していくシステムの構築を目指しているのです。

２つめの立木在庫の形は、製材・加工業や集成材製造業、合板製造業が共同出資して立木を購入するというものです。この事例はまだ見られませんが、後述の森林パートナーズにその萌芽を見いだすことができます。特定の木材企業、例えば製材業がある森林（立木）を購入しても、そこからはA材（製材用）以外のB材（集成材用、ＬＶＬ用、合板用）やC材（チップ用、海外輸出用）が出てきます。それらをどのようにB、C材の需要に結びつけていくかが鍵になります。

注２：このように提案すると、このやり方では森林所有者の「伐る自由、伐らない自由」を制約するのではないかと心配する読者もいると思いますが、製材工場が立木を購入したのですから（つまり、森林の利用権を購入したわけですから）、「伐る自由、伐らない自由」の判断は製材工場に移ることになります。

製材品の在庫管理は原盤の天然乾燥で

次に製材品の安定供給です。私は粗挽きの製材品（柱でも間柱でもラミナでも構いませんが）を天然乾燥する形で在庫調整をするのがベストだと思います。じつは人工乾燥が普及し始めて製材工場にはある変化が生じました。製材品を在庫として持ち、出荷調整が可能になったのです。

人工乾燥技術が普及する前の製材品はグリン材（未乾燥材）でした。製材したらすぐに出荷しなければなりません。なぜなら在庫として置いておくとねじれや曲がりなどが発生して商品価値が損なわれるからです。しかし人工乾燥技術が普及す

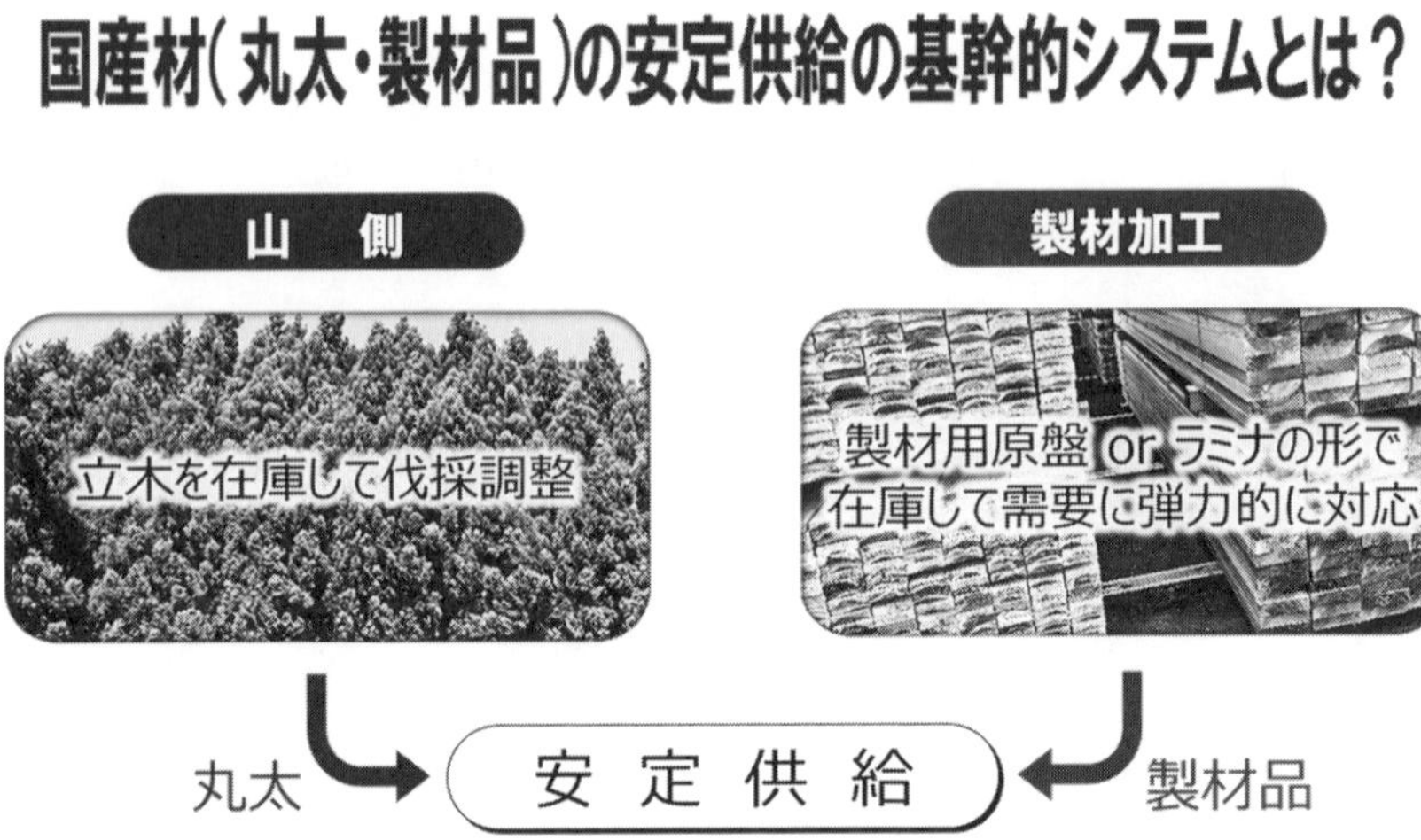

図Ⅱ・1　国産材（丸太・製材品）の安定供給の基幹的システムとは？

るとそのようなことは起きません。在庫として抱えることが可能なのです。これは大きな違いでしょう。

私の提案はＫＤの製材品として在庫を持つよりも、粗挽きの製材品（原盤あるいはフリー板）の天然乾燥として在庫とするのがベストだと思います。これなら数種の需要に弾力的に供給可能になります。以上をビジュアル化したのが**図Ⅱ・1**です。

それに関連して**写真Ⅱ・1**をご覧ください。㈿兵庫木材センターのフリー盤です。今、日本で厄介もの扱いされているスギ大径材から板を製材し（**写真Ⅱ・2**）、それを集成化した板（フリー版）として在庫します。サイズ（長さ、厚さ、幅）は何種類かあります。どのような用途に使うかは納入先の工務店や地域ビルダーの裁量に任されますが、兵庫木材センターと先方との協議でも使い途が開けていきます。お互いの提案力ですね。不特定多数の需要ではなく、限られた需要に対応する

写真Ⅱ・1　スギのフリー板

写真Ⅱ・2　スギ大径丸太の製材

写真Ⅱ・3　スギ２×４原盤の天然乾燥

ためです。まさにマーケットインの発想にほかなりません。

そこで一例として**写真Ⅱ・3**を紹介します。㈱さつまファインウッドのスギ2×4部材（スタッド）と対米輸出用のスギフェンスの天然乾燥風景です。いかがですか。これが製材品在庫管理・調整です。

ただ、これを実現するためには原盤の天然乾燥をする広大な敷地が必要になります。また、木屑焚きボイラーを24時間フル稼働させて人工乾燥の熱源にするためにも市街地から離れた場所に製材工場を設置する必要があります。イメージとしては中国木材日向工場でしょうか。いずれにしても人工乾燥機を増やせば国産材製材品の安定供給はできるといった小手先のテクニックではなく、木材産業の抜本的な改革が求められているのです。

国産材丸太価格はピーク時の価格に戻るべき？

　次にこれまた重要な国産材の適正価格とはいくらになるかという問題です。「第３次ウッドショック」以前は国産材製材品価格はいつも外材と比較されてきました。外材価格が下落すると国産材価格もそれに連動して下がるのが常でした。ただ、外材価格が上がっても国産材価格が上がることはめったにありませんでした。しかし、今回は外材価格高騰に伴って国産材価格も上がっているのです。大手製材メーカーのなかには「それだけ国産材が力をつけ価格交渉ができるようになったからだ。今の価格が『適正価格』だ」と主張する社長さんが少なくありません。本当にそうでしょうか？

　国産材丸太もまた然りです。ご存知のように、国産材丸太（スギ）価格は１９８０（昭和55）年の３万９６００円／㎥がピークでした。これを拠り所に「第３次ウッドショック」では、スギ丸太価格が高騰したと言っているが１９８０年のピーク時の価格に戻っていない。もっと上がるべきだと主張する国産材関係業者も少なくありません。本当にそうでしょうか（**注３**）。

　そこで今回は国産材丸太（スギ）の「適正価格」とはどのようなものなのかという点について考察してみましょう。

注３：銘建工業㈱・中島浩一郎社長は、「１９６０年代、木材価格は高騰した。国産材の役物製品は高値が付いた。役物バブルの時代が確実にあり、……生産性を少しも考えず、品質面を考えなくても、秋田杉……などのブランドだけで売れていた」と指摘しています（「秋田木材通信」、秋田木材通信社、２００９年２月14日付）。同感です。

　１９８０（昭和55）年は「役物バブル」が弾けた年でもあったのです。ところが１９９０年代に入るとわが国のスギは並材時代に入ります。この並材時代と役物時代を同日に談じて、ピーク時のスギが「適正価格」と主張するのには大いに疑問を感じます。

なぜ「適正価格」を議論するのか？

ではなぜ「第3次ウッドショック」を契機にスギ丸太価格の「適正価格」を議論するのか、その理由について私見を述べてみましょう。

第1は、「第3次ウッドショック」後の日本の森林・林業・木材・住宅産業はどうなるのかといった切実な問題意識が脳裏から離れないからです。いろんな考え方があるのでしょうが、ここでは、「環太平洋地域」という視点を設定して考えてみましょう。そのほうが「第3次ウッドショック」後の日本の立ち位置が鮮明になるからです。

「環太平洋地域」とは太平洋そのものと周辺に位置する国々や都市、島々を含む地域のことです。現在「環太平洋地域」の経済は米国と中国を2つの焦点とした楕円の形で展開しています。「第3次ウッドショック」は米中両国の経済発展によって引き起こされたものです。こうしたなかで「環太平洋地域」の一角に位置する日本では住宅市場や木材市場が低迷し、気がついたら米中両国の経済発展の「蚊帳の外」に追いやられた恰好になってしまいました。

「環太平洋地域」でもう1つ重要なことがあります。日本の住宅・木材市場にとって重要な四大外材産地は「環太平洋地域」に属しています。すなわち極東ロシア（北洋材）、マレーシア、インドネシアなどの東南アジア諸国（南洋材）、ニュージーランド（ラジアータパイン。南米チリを含めてよいでしょう）、そして今回の「第3次ウッドショック」の震源地の北米西岸（米材）です。

ところがこの四大外材産地に大きな変化が生じているのです。それは各産地とも日本の足下を見始めたことです。別の見方をすれば、日本の外材の「買い力」が低下したのです。その背景にはGDP低迷による日本の国力低下（かつての「経済大国」から「円の弱い国」へ）があることはいうまでもありません。

私は愛国心においては人後に落ちることはない

と自負していますが、こうした日本の外材の「買い力」低下は、「第３次ウッドショック」後のわが国の森林・林業・木材・住宅産業のあり方を考えるうえで不可欠の視点だと思います。日本の商社ですら、外材を日本へ輸入してもメリットが少なくなったと嘆くくらいですから。

となると否応なくわが国の木材産業は国内の1000万haに達する人工林に依存しなければ成りたたなくなります。その人工林の利用にとって最も大切なことは、伐って植えて、また伐って植えるという森林利用の循環システムをどのように構築していくかです。

ところがその具体的な議論がまったくといっていいほど欠落しているのです。大規模製材工場が進出する場合も、また最近では大手ゼネコンが国産材業界に参入する場合も、その「錦の御旗」はＳＤＧｓ（エス・ディー・ジーズ：Sustainable Development Goals：持続可能な開発目標）です。その意気や壮、しかし、いかんせんその処方箋がほとんどといっていいほどないのです。つまり理念だけが先行し、人工林の持続可能な国産材丸太の「適正価格」とはいったいどれくらいか、という肝心の議論が湧き上がらないのです。この問題を視野の外においてＳＤＧｓを標榜しても虚しいと思いませんか。

「適正丸太価格」とはズバリいくらか？

そこで以下では、スギ丸太に的を絞り、人工林の持続可能な「適正価格」とはいったいどのくらいなのかということについて検討してみましょう。

ところでスギ人工林経営の持続性が失われたのはいつ頃からでしょう。私は1990年代後半からと見ています。当時、宮崎県串間市森林組合参事だった島田俊光氏（現・串間市長）が「平成6年、木材の単価が悪くなったということで、荒れた山が多くなってきたわけでございます。『儲からない』ということで、放置林という新しい言葉が生まれました。次に、山を持っている人がそのまま放置していく、しかも立木を処分した跡地は、そのまま植林もしないで、今度は新しい『放棄林』という言葉が生まれてきた」（『第3回・国土保全を考える地域の集い・記録集』１９９８〈平成10〉年3月）と指摘しています。再造林放棄の端緒だったと思います（なお、ここでいう再造林放棄とは皆伐跡地への植林が3年以上行われていないことを意味しています）。

ではなぜこの頃から再造林放棄が始まったのでしょうか。スギ丸太の平均価格が1万５０００円／㎥を割り始めたからです。その背景にはバブル経済破綻後のデフレや、怒濤のごとく輸入される欧州産ホワイトウッドやレッドウッドの市場席巻がありました。そこで私は皆伐跡地の再造林ができるかできないかの損益分岐はスギ平均価格が1万５０００円／㎥程度ではないかと考えるようになりました。しかし、あれからすでに四半世紀が経ちました。損益分岐点は変わっているのではないかと考え、「第3次ウッドショック」最中に森林・林業の現場に赴き、森林所有者、素材生産業者、素材流通業者、製材業者に、再造林可能なスギ丸太価格（平均価格）はいくらかと尋ねてみました（その数は九州を中心に50事業体になりました）。業種によって幅があるのは当然ですが、その最大公約数的な価格は、1万５０００〜1万7０００円／㎥というものでした。

そこで仮にスギ丸太最低平均価格を1万５０００円／㎥と設定し、この丸太価格で製材した場合、どれくらいの製造原価が必要なのかを、ある信頼できる中規模製材業者に試算してもらいました。その結果が**表Ⅱ・1**です。ここではスギ丸太を1万５０００円／㎥で購入した場合と、「第3次ウッドショック」最中の２０２１（令和３）年11月の実態価格を比較したものです。

この表から明らかになったことは、スギ丸太価格が1万５０００円／㎥とした場合、製材工場の製材品（ＫＤ）の出荷価格（平均）は５万５８７５円／㎥になります。つまり５万５０００円程度が必要です。

ちなみにこの製材工場の２０２０（令和２）年６月、つまり「第３次ウッドショック」前のスギ

表Ⅱ・1　ある製材工場の製品製造原価の内訳

単位：円／㎥

内　訳	15,000円モデル	2021年11月の実態価格
原木価格	15,000円	15,685円
製材後単価	33,856円	34,622円
乾燥後単価	50,875円	51,265円
運搬・管理費	5,000円	5,000円
合計	55,875円	56,265円

注：⑴製材歩留まり52.16％で計算
　　⑵チップ、オガ粉売上げの差し戻しを含む

製材品平均出荷価格は４万２５６６円／㎥でした。これが「第３次ウッドショック」時の２０２１（令和３）年11月には７万６０３１円／㎥でした。もちろんこれは「平時」の価格ではありません。仮に「第３次ウッドショック」が幕を閉じた場合、つまり「平時」に戻ったとき、工場出荷価格は５万５０００円程度が必要ということになります。もう少し余裕をもたせるとスギＫＤ製材品の工場出荷価格が６万円／㎥を維持できれば「山元還元」は絵に描いた餅ではなくなります。そのためにはなにが必要でしょうか。製材加工生産性の向上です。高い原木代金を生産性向上で吸収してしまうのです。

ここで想起されるのが国産材製材業最大手の中国木材㈱・堀川保幸会長（当時、現最高顧問）の持論です。「仮にスギ丸太平均価格１万５０００円／㎥が再造林可能な最低価格だとしたら、その価格で丸太を購入して利潤を出し、なおかつ追加投資ができる製材工場をつくるべき。そのために

は製材規模の拡大が必要だ。弊社日向工場はそれを目指しているし、秋田県能代の工場はその第2モデルだ。今後も第3、第4工場の開設を考えている」（本稿校正中の2月13日、中国木材が八代市〈熊本県〉に進出するというニュースが入ってきました）。

スギ丸太価格高騰の恩恵に浴しているのは誰？

しかしここで厄介な問題が生じてきます。スギ原木平均価格1万5000円／㎥の恩恵がストレートに森林所有者に反映（いわゆる山元還元）されるかどうかです。1万5000円／㎥にかかわっているのは森林所有者、素材生産業者、運搬業者、原木市場です。しかしこの価格の恩恵を誰が受けているのかという点については特定できません。いわばブラックボックスなのです。なぜなら「売ったらお終い」の世界だからです。

森林所有者と素材生産業者（森林組合の林産事業を含みます）の立木売買関係を例にとりましょう。素材生産業者が森林所有者からスギ立木を購入することになりました。契約成立です。素材生産業者は森林所有者に手付金を支払います。その後、通常2年で伐採・搬出を終了します。そして精算、それでお終いです。

このように多くの森林所有者にとって、素材生産業者とはその都度の取り引きで、相場を踏まえた価格交渉ができないのが現実です。2022（令和4）年10月に（一財）日本不動産研究所から同年3月末現在の山元立木価格が公表されました。それによりますと「山元立木価格はウッドショック等に伴う歴史的上昇となり」（不動産研究所）、スギが4994円（利用材積1㎥当たり）、ヒノキが1万840円（同）上がりました。不動産研究所はこの背景には「ウッドショック以降、ウクライナ侵攻、円安の進行が重なり」、結果「国産材（丸太）価格の上昇に拍車がかかり、山元立木価格は、杉、桧で1953年以降最大の上昇率を記録した」と指摘しています。このように「第3次ウッドショック」の影響で山元立木価格は上がっているようですが、九州での実勢価格は5500～6000円／㎥になっていると思います。

ところで読者の皆様には釈迦に説法になりますが、立木価格は市場逆算式で決まります。例えばスギ人工林の立木を伐採し、最寄りの原木市場なり製材工場へ搬入した場合、立木価格は原木市場や製材工場着値から全ての諸経費（伐採・搬出費やトラック運賃など）を差し引いた残りが即、立木価格になります。したがって製材品価格が下がると立木ゼロ価格は限りなく0に近づきます。

問題は今回の「第3次ウッドショック」のように、国産材製材品及び丸太価格が急騰しているにもかかわらず、立木価格はそれに見合った上がり方はしていません。問題はここにあります。かつて全国森林組合連合会の要職を務め、後に岩手大学教授に転じた田中茂さん（故人）は「遠藤日雄氏は、家計費の一部プラス最低の再造林費を上乗せした立木価格の設定こそ、木材不況克服への林業振興の前提であるという意見を提示している。森林所有者ならびに森林組合が、地域ごとならびに全国的にそのような力をどのようにすればもつことができるであろうか。森林組合系統が素材生産のシェア30％を」（**注4**）占めればそのきっかけになるのではと問題提起しています。国産材業界が不況のどん底におかれていた1999（平成11）年の提言です。

しかし現在では、森林組合系統の素材生産の対全国シェアは40％を超えています。にもかかわらず「第3次ウッドショック」の降って湧いたような「売手市場」でも自分たちの立木価格（再造林可能な）を提示できないのです。

注4：田中茂「供給サイドの産地形成と森林所有者」（『国産材産地形成のあり方』〈農林水産叢書№31〉、㈶農林水産奨励会、1999年、59頁）

今こそサプライチェーンマネジメントの形成を

ではどうしたらいいのでしょうか。森林所有者が地域ごとに窓口の1本化を図り、立木価格交渉をすることも考えられないことはありませんが、正直、今の森林所有者には所有規模の大小を問わずその力量はありますまい。

そこで私が提案したいのが森林・林業・木材・住宅産業のサプライチェーンマネジメント（SCM）の形成です。そしてそのプラットフォーム（舞台）へ森林所有者が重要なプレーヤーとして参画することです。そんなこと無理、という諦観の念も聞こえてきそうですが、全国各地で完成度の高いSCMが徐々に形成されつつあります。それに先立ち、ここでは森林・林業・木材・住宅産業のSCMを形成する際に注意していただきたいことの2点を指摘しておきたいと思います。

第1は最初の出発点はAという森林所有者とBという素材生産業者の2つのプレーヤーでプラットフォームを設置してもなんら問題はないということです。SCMは「生き物」です。絶えず他の事業体との「接点」を求めながら「成長」していくということです（この点後述します）。

第2は情報の共有化です。SCMを議論するときに決まって出てくるのが企業秘密まで共有するのかという点です。どこまで情報を共有するのかはプレーヤー間で協議すべきことですが、要は「いいとこ出し」、すなわち各プレーヤーの得意分野を出してそれを共有していくことが大切です。

本書の読者には森林所有者の方々が少なくないと思いますが、いかがですか、この1万5000円／㎥という「適正価格」。もちろん、もっと高ければ高いに越したことはないのでしょうが、ここでは日本のスギ人工林の持続可能な最低価格だと理解してください（反論が少なくないと思います。どうぞ正々堂々と出してください。それをもとに大いに議論しませんか）。

製材の生産性革命こそが焦眉の課題

さて読者の皆様、スギ立木価格はどのようにして決まるかはご存知ですよね。そうです。前述した市場逆算式で決まります。市場逆算式とは「最寄り市場での素材（丸太）の取引価格から、伐木・造材や市場までの運搬に要するであろう諸費用を控除して、立木の価格を求めるやり方」（注5）です。

「第3次ウッドショック」が収まらない現在、スギ丸太平均価格が1万6000円／㎥を超えている地域が少なくありません。この価格が維持できるのであれば皆伐跡地の再造林は可能でしょう。

しかし「第3次ウッドショック」が幕を閉じた後もこの価格が維持できるかどうかははなはだ疑問です。その理由は、第Ⅰ部で前述したように、米国のコロナ禍という特殊事情を背景とした住宅ローンの低金利があります。住宅バブルの側面は否定できません。そのバブルが万一弾けた場合、日本の国産材にどのような影響をもたらすのか、考えるだけでゾッとしませんか（リーマンショックを思い出してください）。

注5：大田猛彦他編『森林の百科事典』（丸善、1996年、405頁）

“神の見えざる手”は存在するのか？

現在、日本を含む世界の経済学を支配しているのは新古典派経済学です。新古典派経済学の根っこは「市場は放っておけば安定する」という考え方です。この考え方の拠り所は、近代経済学の父といわれるアダム・スミス（1723～1790）が『国富論』（1776年）のなかで述べた〝神の見えざる手〟です。スミスは「自己利益の追求が〝神の見えざる手〟に導かれて社会全体をよい方向に導く」と唱えました。中学校社会科の教科書に出てくる需要曲線と供給曲線が交わったところが市場価格になります。そこに導いていくのが〃神の見えざる手〃というわけです。

　これに対して〃神の見えざる手〃は存在しないと異議を唱えたのが２００１（平成13）年にノーベル経済学賞を受賞したジョセフ・Ｅ・スティグリッツ米国コロンビア大学教授です。〃見えざる手〃が存在しない理由は明瞭です。彼に言わせれば「見えないからだ」と。

　スティグリッツ教授はこれからの産業成長について議論する場合は、「成長」の定義をはっきりさせるべきだと力説します。教授は「成長」の指標となっているＧＤＰ（国内総生産）は産業パフォーマンスを測るのに適した指標ではない、なぜならＧＤＰには環境の悪化や資源の枯渇、富の分配方法、資源の持続性などを考慮に入れておらず、大きな問題を孕《はら》んでいるからだと指摘します。天然資源を際限なしに消費し、二酸化炭素を大量に排出するような物質至上主義産業に未来はないと警鐘を鳴らします。

　スティグリッツ教授の指摘は今後のＳＤＧｓを議論する場合に不可欠の視点ですし、わが国のスギ人工林の利用にも当てはまります。林業は第１次産業です。であるが故に再生産が可能なのです（**注6**）。

　その再生産の鍵を握るといっても過言ではないスギ丸太の「適正価格」とはいかなるものなのかについて、日本の森林・林業・木材・住宅産業関係者がこぞって議論すべき時期に入っているのではないでしょうか。それなくしてはわが国から木材産業は消失し、木造住宅文化も過去の遺産になる可能性大だと思います。

　青春時代に感銘を受けたカール・マルクスの「フォイエルバッハにかんするテーゼ」の一節を記しておきます。「哲学者たちは世界をたださまざまに解釈してきただけである。肝腎なのはそれを変えることである」（**注7**）。今こそ、官民学こぞって日本の森林・林業・木材・住宅産業の変革に取り組むべきではないでしょうか。

注6：鉱業は自然資源を採取するだけで人手では再生産できません。原始産業のなかで鉱業だけが第2次産業に分類されている所以でしょう。
注7：カール・マルクス「フォイエルバッハにかんするテーゼ」（大内兵衛・細川嘉六監訳『マルクス＝エンゲルス全集』第3巻、大月書店、1963年4月、5頁）

サプライチェーンマネジメントとはなにか？

なぜ今、サプライチェーンマネジメントなのか？

近年、森林・林業・木材・住宅産業界でサプライチェーンマネジメント（以下、ＳＣＭと略称し、その内容については後述します）という言葉をよく耳にするようになりました。管見の限りでは5、6年前まではこのような言葉が森林・林業・木材・住宅産業の現場で使われることはめったになかったと思います。それがどうして近頃ＳＣＭが話題にのぼるだけでなく、実践に移そうということになったのか。いくつか理由が考えられます。

第1は森林・林業・木材・住宅産業界では、もはや〝一国一城の主〟では活路を見いだすことは困難という切羽詰まった状況に追い込まれたことが挙げられます。つまり、森林所有者、素材生産業者、森林組合、製材業者などが1人1人で頑張っても限界があることを痛感し、その打開策としてそれぞれの事業体が有機的に繋がらなければならないと感じ始めたからにほかなりません。その手法の1つがＳＣＭだと気づいたのでしょう。「ああ、そういえば経営ビジネス書にＳＣＭというのが載っていたな」というわけで、教科書で学んだ知識を現場に適用するというよりも日々の実践のなかでＳＣＭの必要性を会得したというのが実情のようだと思います。

第2にその背景ですが、第Ⅰ部で述べたように、わが国の日本が国力を低下させ、つまり外材購買力を低下させて、環太平洋4大外材産地から見放され始めたことが指摘できます。結果、否応なく日本国内の人工林を活用して森林・林業・木材・住宅産業を組み立てていかなければなりません。そのとき森林組合がどうのとか、製材業者がどうのといった〝一国一城〟では限界があることを森林・林業・木材・住宅業界の方々が認識し始めたのです。現場に入って見るとそのことを肌で感じます。

SCMとはどのようなものなのか?

ではSCMとはどのようなものなのでしょうか。とくに森林・林業界では馴染みの薄い人も少なくないようですので、最初に教科書風にSCMの概要について説明をしておきましょう。

次に一般論としてのSCMからもう一歩踏み込んで、森林・林業・木材・住宅産業界におけるSCMとはどのようなものなのか、そしてそれがなぜ必要なのか、さらにSCMのメリットはなんなのかについて具体的な事例をもとに考えてみたいと思います。

最初にSCMを教科書風に説明しておきます。**図Ⅱ・2**をご覧ください。

木材でも車でも食品でもなんでも構いません。モノをつくる場合は、製造業者(メーカー)が原材料を調達しなければなりません。森林・林業・木材・住宅産業では、素材生産業者が森林所有者から立木を買って伐採して丸太にし、それを原料として製材業者が柱や土台などに製材・加工します。そしてそれを商品として市場に出荷します。

このような原材料・部材調達→生産→物流(流通)→販売という一連の流れをサプライチェーン(SC)といいます(日本語では「供給連鎖」と直訳されていますが、なかなかイメージしにくいと思います)。

ここではモノは川上から川下へ流れますが、おカネは逆に川下から川上へと流れます。例えば、素材生産業者が森林所有者から立木を購入した場合、モノ(木材)は立木から丸太へと姿形を変え

図Ⅱ・2　ＳＣＭのイメージ

て素材生産業者の手に渡りますが、おカネ（立木代金）を支払うのは素材生産業者から森林所有者へという流れになります。

では、ＳＣ（供給連鎖）がどのようにしてＳＣＭへと発展・変化していくのでしょうか。そのキーワードは２つあります。１つは情報の共有であり、もう１つは全体最適化です（全体最適化とはＳＣＭを形成する組織全体の収益最大化と考えて構いません）。

それを２つの図を使って説明しましょう。最初の**図Ⅱ・3**は現在の森林・林業・木材・住宅産業のモノ（木材）の流れです。ここでは各取引は個別に行われます。例えば森林所有者と素材生産業者、素材生産業者と製材加工業者といったふうに個別の取り引きになるわけです。したがって直接の取引相手以外の情報は入りにくいという難点をもつことになります。

ところがＳＣＭが導入されると、取引相手間で情報の共有化が行われることによって、タイム

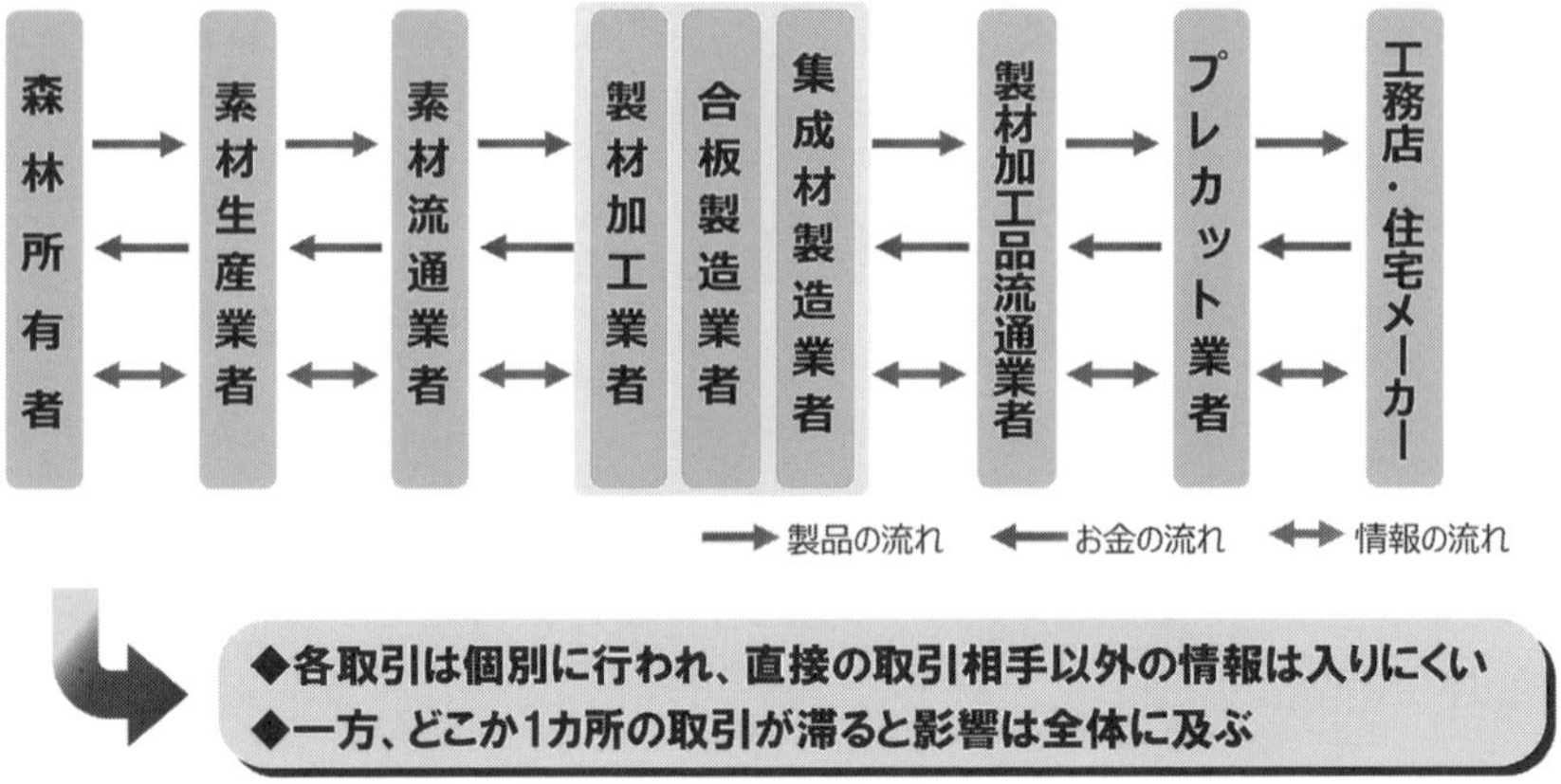

図Ⅱ・3　森林・林業・木材・住宅産業の製品取引の流れ（現状）

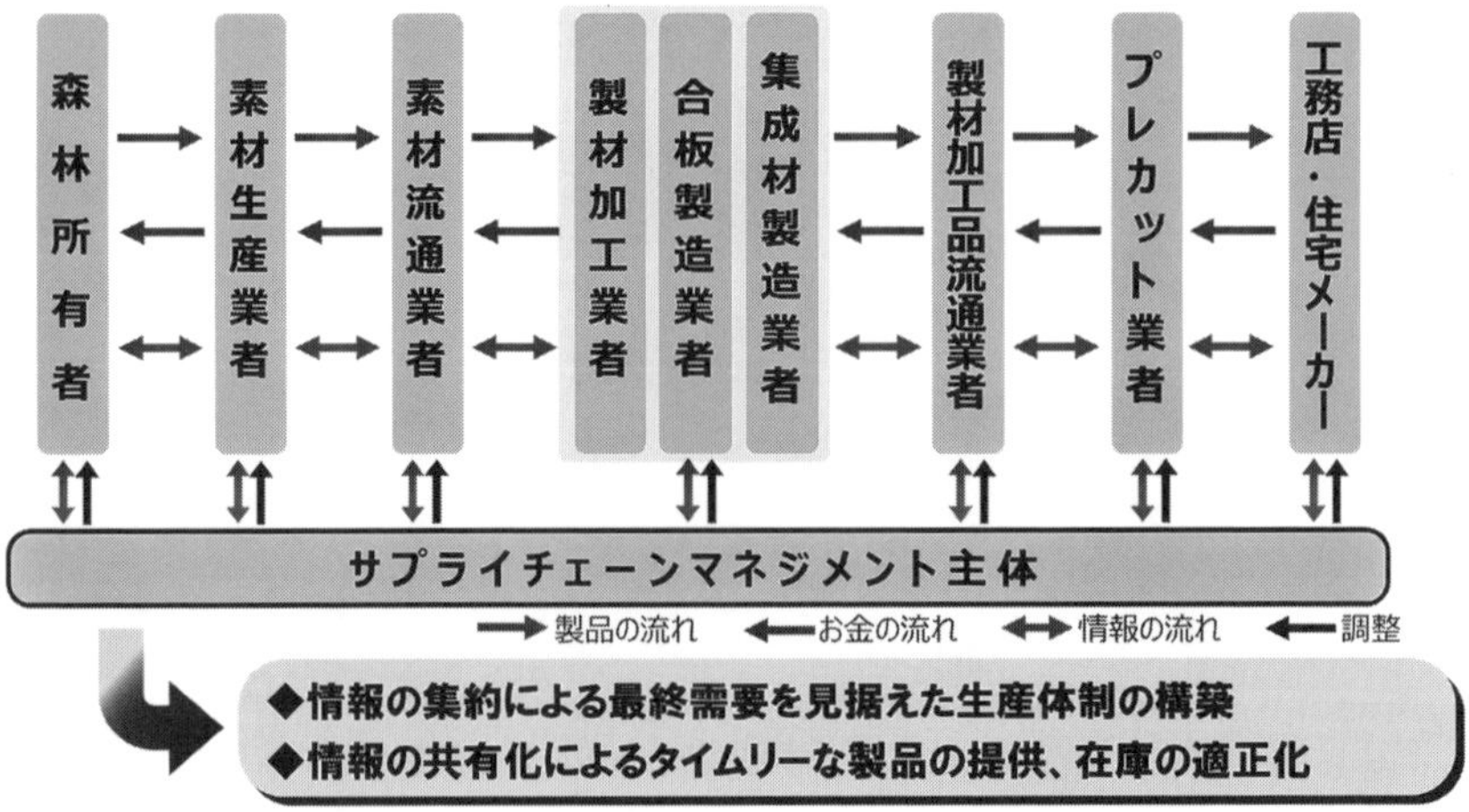

図Ⅱ・4　森林・林業・木材・住宅産業におけるＳＣＭの導入後の流れ

リーな製品の提供や在庫の適正化など全体最適化が図られるようになるのです（**図Ⅱ・４**）。

ここで1つ、私がかつて経験したエピソードを紹介しましょう。１９９0年代前半の青森県津軽地域の製材業の話です。ここは国有林の良質スギ材を原料とした羽柄材の産地で、東京・首都圏市場ではちょっとは名の知れた産地でした。

ここでは製材工場の社長さんたちが朝、同業者と道で行き会ったときの挨拶は「東京はどうですか？」という言葉が習わしになっていました。「東京はどうですか」という挨拶は「お宅のスギ羽柄材の売れ行きはどうですか」という〝探り〟を入れているわけです。それに対して相手の社長は「まあまあです」とか「そこそこです」といった曖昧な返答をします。腹の探り合いにほかなりません。

旧制弘前高等学校の寮歌に「都も遠し津軽野に」という一節があるように、津軽は東京・首都圏市場から遠く離れています。それだけに「東京はどうですか」という問いかけはお互いに貴重な情報蒐集だったのです。

A製材工場が東京・首都圏の市売問屋へスギ羽柄材を委託販売したとします。市売問屋からは精算伝票がファックスや郵便で送られてくるだけです。A社の社長は頭を抱えます。自社で製材したヌキやタルキなどの建築用材は本当に東京・首都圏の住宅建設現場で使われているのだろうか。もし使われているのなら、使い勝手はどうなのか、改善の余地はあるのかないのか。そういう情報が消費地から産地にフィードバックされてこないのです。

仕方なくA社の社長は今日も明日も明後日も同じような羽柄材を製材せざるを得ません。気がついたらB社が廃業し、C社が転業し、産地全体が地盤沈下してしまいます。津軽地域に限らず、全国どこの産地も似たり寄ったりでした。

歴史を振り返るとき「ｉｆ（もしも）」は禁句とされていますが、もしこのときＳＣＭが形成されていたらどうだったのでしょうか。よりましな対応策があったのでは、そのことを考えるにはいいエピソードだったと思ったので紹介してみました。読者の皆様、いかがでしょうか。

このエピソードのようにわが国の森林・林業・木材・住宅産業は森林所有者から工務店・住宅メーカーまでの流通に多くの業者や事業体が介在してきました。1990年代初頭のバブル経済期までは、これらの事業体はなんとか利益を上げることができました。しかしバブル崩壊のデフレ不況のなかで、もはや〝一国一城の主〟ではやっていけなくなったのです。暗中模索のなか、ようやく最近になってSCM形成の必要性を認識したという次第なのです。

SCMは「生き物」！　他のSCMとの「接点」を絶えず追求

では具体的にSCMとはどのようなものなのでしょうか？　一般論や抽象論を述べるよりも、以下では具体的な森林・林業・木材・住宅産業のSCMを事例にして説明してみたいと思います。そのほうが読者の方々にSCMをより身近に感じていただけるでしょう。そのうえで第Ⅱ部の総括になるかもしれませんが、SCMとは「生き物」だということを確認していきたいと思います。そしてその「生き物」は絶えず全体最適化を求めて他のSCMとの「接点」を追い求めていく性質を持っています。SCMとはそのような性質を持った「生き物」であることを、以下の事例をもとにご紹介していきたいと思います。

県境を越えて4森林組合が海外輸出

図Ⅱ・5をご覧ください。これは鹿児島、宮崎両県の4つの森林組合が県境を越えて組織した「木材輸出戦略協議会」（以下「協議会」）のSCMのイメージ図です。すなわち曽於市・曽於地区

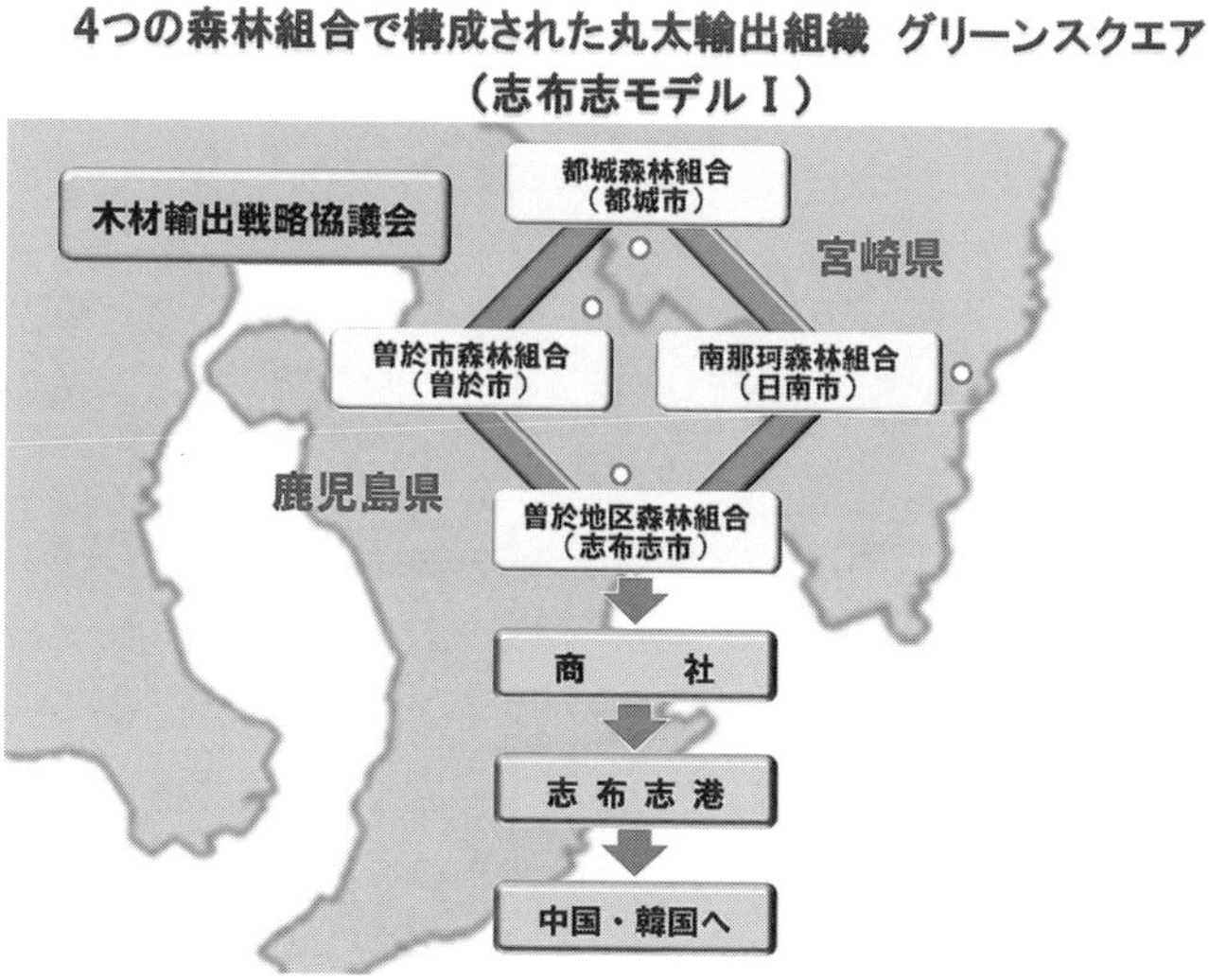

図Ⅱ・5　県境を越えた４森林組合による国産材丸太輸出のためのＳＣＭ－木材輸出戦略協議会－

（鹿児島県）、都城・南那珂（宮崎県）の４つの森林組合がそれぞれの組合の林産事業で出材される丸太（大部分がスギ）を仕訳・選別して、主としてＣ材、もしくはＢ材に近いＣ材をまとめて志布志港（鹿児島県）から中国や韓国へ輸出するために組織したものです（**写真Ⅱ・４～Ⅱ・６**）。志布志港はわが国の国産材丸太輸出量の３割を占める重要港湾です（後掲１１４頁**図Ⅱ・６**）。

協議会は２０１１（平成23）年に設立されました（当初は曽於地区、南那珂、都城の３つの森林組合）。その背景には次のような事情があったのです。

第１は、３森林組合の管轄地域の人工林が成熟したことです。**表Ⅱ・２**がそのことを示しています。３組合全体で主伐可能なⅧ齢級（40年生）以上の林分が82％を占めています。しかもこの地域は昔からオビスギの皆伐を中心にまわしてきました。したがって伐って植えて、伐って植えるという循環システムを構築しなければなりません。

写真Ⅱ・4　志布志港埠頭に積まれた中国向けスギ丸太

写真Ⅱ・5　中国向けのスギ大径材丸太

写真Ⅱ・6　志布志港における中国向けの丸太荷積み作業

表Ⅱ・2　3森林組合の人工林面積と蓄積

森林組合	民有林人工林面積（ha）	Ⅷ齢級以上面積（ha）	Ⅷ齢級以上の比率（%）	人工林蓄積（千㎥）	年間生長量（㎥）
曽於地区	13,790	11,476	83	5,523	78,700
南那珂	23,930	19,377	81	10,376	282,043
都　城	15,919	12,898	81	5,375	93,700
計	53,639	43,751	82	21,274	454,443

出所：木材輸出戦略協議会調べ

しかしそれが難しくなってきたのです。**図Ⅱ・7**は協議会の有力メンバーである曽於地区森林組合の共販所の丸太取扱量と平均単価の推移を示したものです。ご覧のように丸太の取扱量は減少傾向にあるわけではないのに、平均単価が年々下落しています。１９９６（平成８）年には１万６３１５円／㎥であったものが２０１３（平成25）年には９１００円／㎥にまで落ち込んでしまいました。この価格では皆伐跡地の再造林は不可能で、森林組合員（森林所有者）の伐採収入も減ってしまいます。なんとかできないものなのかと考えました。

第2は、年々増え続けるスギ大径材の販売先をどこに求めるかです。**表Ⅱ・3**は南那珂森林組合のスギ林産事業（素材生産）に占める大径材の材積及びその割合、スギ大径材のうち海外輸出に充てる材積及びその割合を示したものです。

読者のなかには、スギ丸太は太くなればなるほど価格が高くなると思い込んでいる方も少なくな

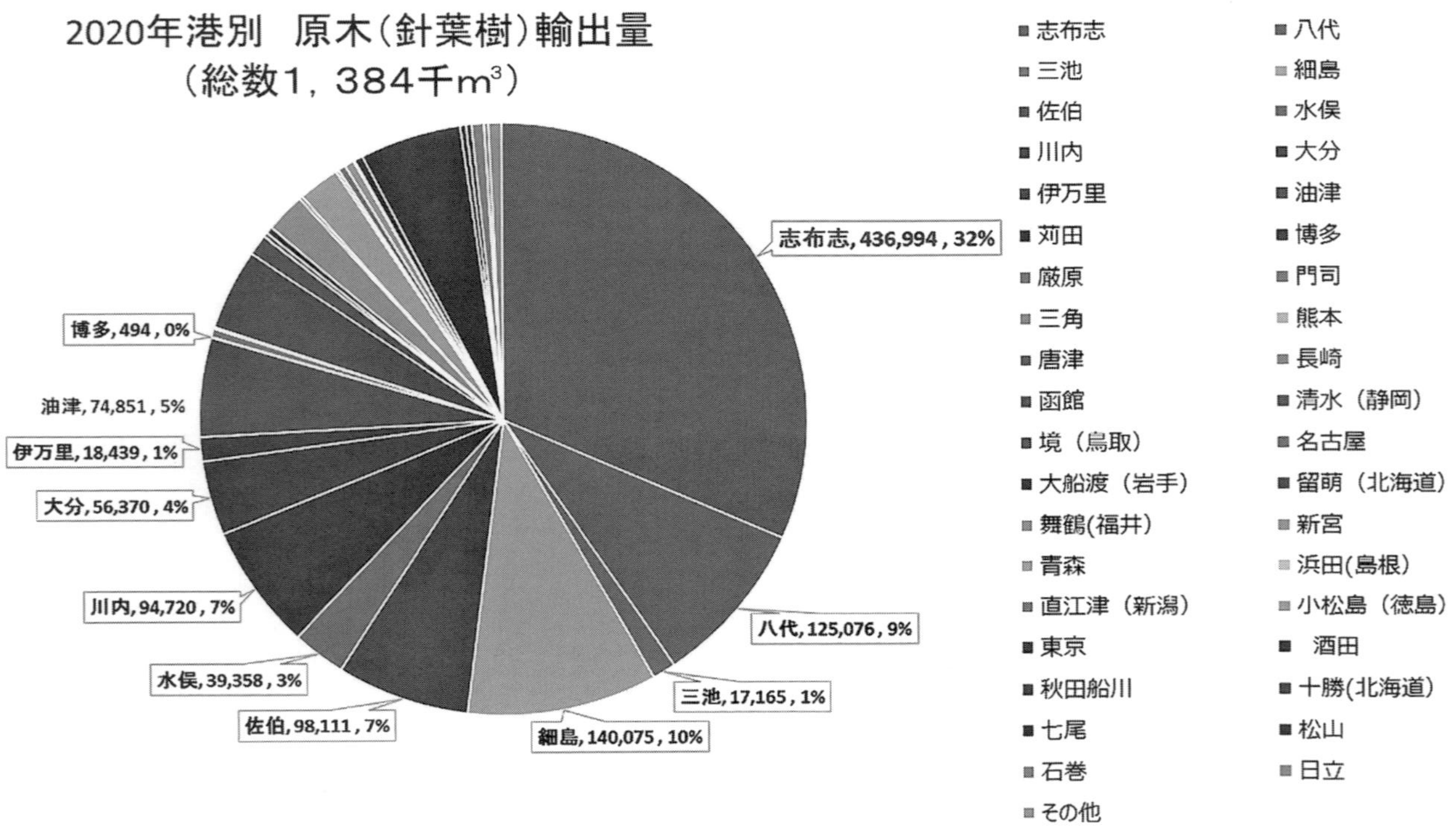

図Ⅱ・6　港湾別原木（針葉樹）輸出量（2020年）
出所：財務省「貿易統計」

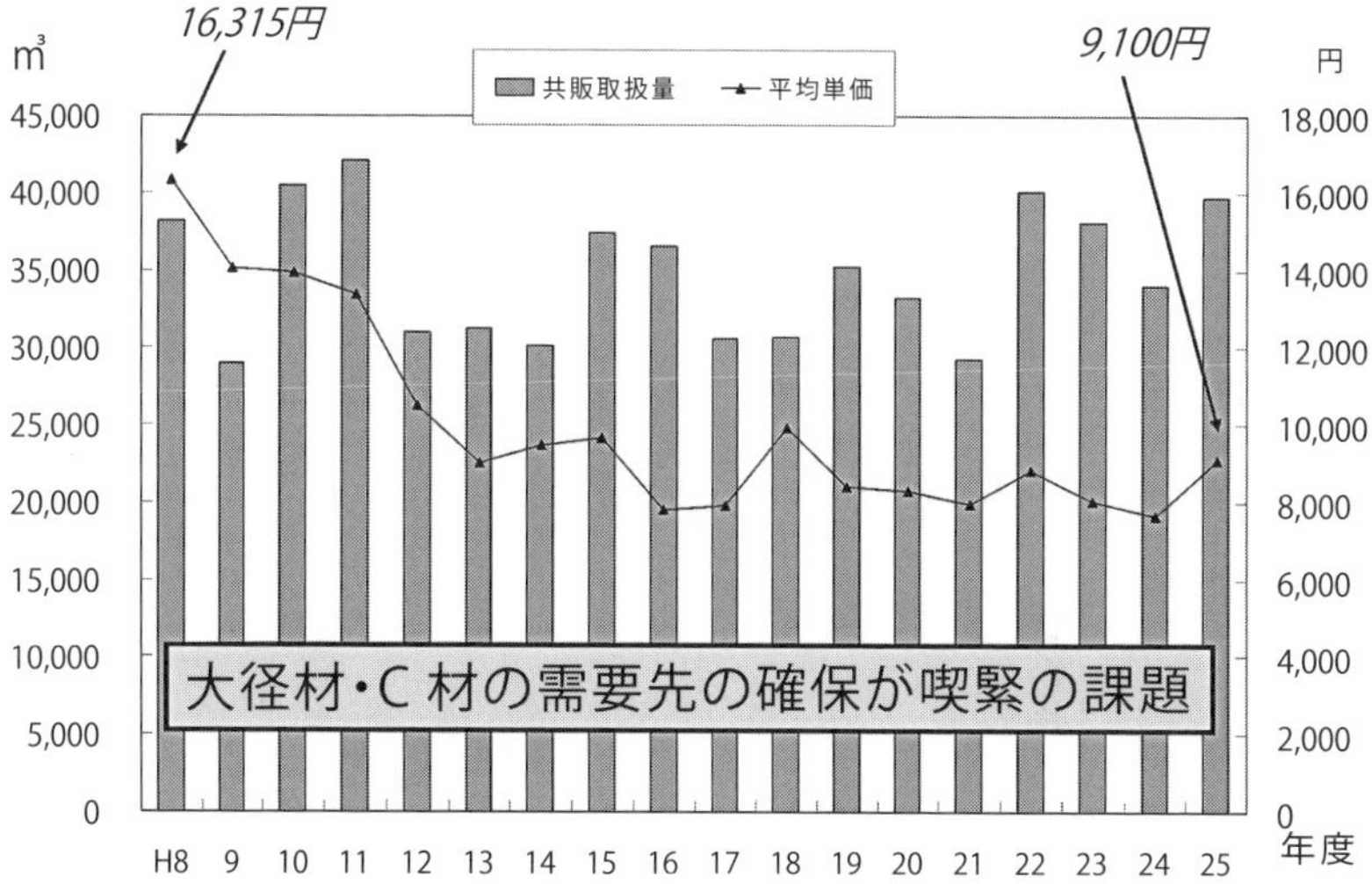

図Ⅱ・7　曽於地区森林組合共販所での原木取扱量と平均単価の推移
出所：曽於地区森林組合

表Ⅱ・3　那珂森林組合のスギ林産事業に占める大径材割合及び海外輸出量の推移

単位：㎥、％

年　度	林産事業	うち大径材		大径材のうち海外輸出量	
		材　積	割　合	材　積	割　合
2011	44,374	4,913	11.1	280	0.6
2012	42,618	4,951	11.6	1,777	35.9
2013	48,704	6,589	13.5	2,551	38.7
2014	64,561	7,778	12.1	4,391	56.5
2015	67,012	10,977	16.4	7,439	67.8

出所：南那珂森林組合調べ
注：大径材は末口30cm 以上

いでしょうが、それは間違いです。径級が太くなればなるほど価格は安くなっているのが実情なのです。価格が安いということは日本国内では売れないということの裏返しです。なぜでしょうか。そのことは紙幅の関係で詳述できないので**注9**の文献に譲りたいと思いますが、要は太っても使い途がないという一語に尽きます。そこで浮かんできたのが海外に需要を求める、つまりスギ丸太の海外輸出というわけです。

曽於地区や南那珂森林組合が抱えていた危機感は他の森林組合とも共有できるものでした。そこでなんとか連携して打開策が得られないかと模索した結果が海外輸出だったのです。前掲111頁**図Ⅱ・5**はそのような連携を素地に形成されたSCMです。読者のなかには、「それって1森林組合では国産材丸太の輸出は難しいので、近隣の森林組合に声をかけてできた寄合所帯に過ぎないのでは」と考える方もいるかもしれません。確かに当初はそうだったかもしれません。しかし、それはやがて「生き物」のようにSCMを発展させていくのです。以下ではそれを実態に即して見ていきましょう。

注9：伊地知美智子・遠藤日雄「スギ大径材の有効利用に関する研究」（「鹿児島大学農学部学部演習林研究報告」第37号、2010〈平成22〉年所収　※インターネットで公開されています）。「遠藤日雄・鹿児島大学教授が読み解く大径材問題のカギ─実態・課題と対策」（「現代林業」2013〈平成25〉年12月号）を参照してください。

海外視察で協議会の課題を鮮明に

協議会は毎年総会（報告会）を開き、年度ごとの総括とその後の取り組みについて活発な意見交換をします。じつは協議会ではコロナ禍以前まで、ほぼ毎年海外視察を行ってきました。ここ数年の海外視察についてその概略を紹介すると次のようになります。

2016（平成28）年にニュージーランド（以

下、ＮＺ）を訪問しました。その目的は協議会が中国へ輸出しているスギ丸太の価格がＮＺのラジアータパインによって決まることを知り、ＮＺ現地のラジアータパイン輸出の実情を自分たちの目で確かめるためでした。ＮＺの森林・林業視察は協議会のメンバーに大きな刺激を与えました。日本とは比較にならないほどの伐採・搬出の生産性の高さ、品種改良を重ねて成長がより早く通直なラジアータパインを育成する取り組みなど、メンバーにとっては大きな驚きでした。

そこで翌年、中国の製材工場の視察に行きました。協議会が輸出しているスギ丸太を製材している上海近郊の製材工場を訪れたのです。そこで彼らが目にしたのは自分たちが輸出したスギＣ材丸太から末口径16㎝以上（長さ４ｍ）材をピックアップしてフェンスに製材し、それを米国へ輸出している実態でした。帰国後、米国でスギフェンスがどのように流通し、どのように使われているのかを確かめようと翌２０１８（平成30）年に米国テキサス州ダラス市を訪れました。

日本へ帰って視察結果を総括し、今後どのような対策をとるべきかについて４森林組合が集まって協議しました。その結論は以下のようなものでした。

第１は、協議会が輸出したスギ丸太が中国でフェンスに製材加工されて米国へ輸出されていますが、このような「いわば迂回製造」よりも自分たちでスギフェンスを製材加工して米国へ輸出したほうがメリットが大きいし、丸太に付加価値を付けることができるのではないでしょうか。

しかし第２に、協議会のメンバー（４つの森林組合）はフェンスを製材加工する施設をもっていません。南那珂森林組合には製材工場がありますが、スギ大径材を製材するためのシングル台車なのでフェンスは挽けません。さてどうしようかという課題が浮かび上がっていました。そうなるとどこかのフェンス製材工場と連携しなければなりません。

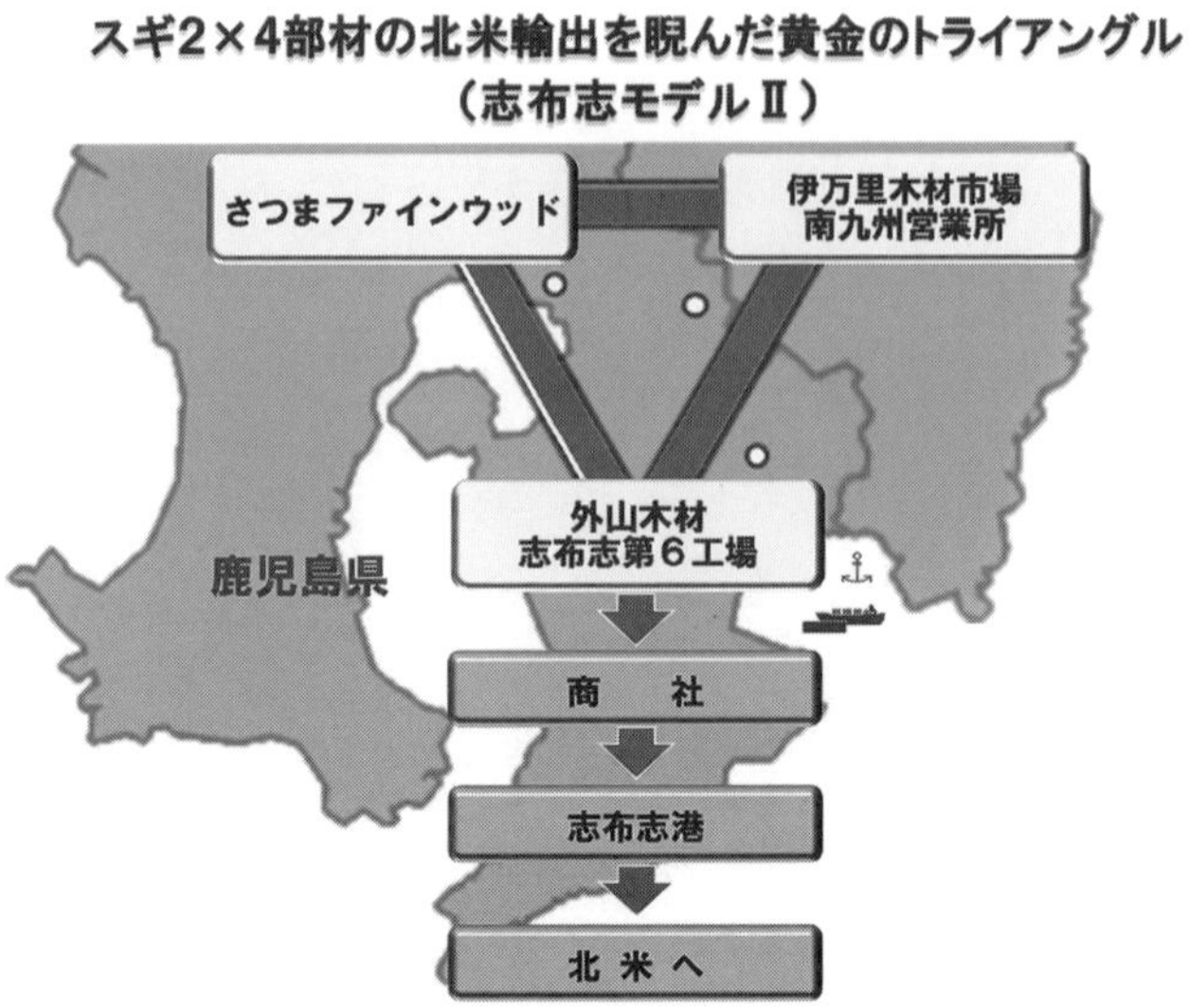

図Ⅱ・8　スギ２×４部材の北米輸出を睨んだ志布志モデルⅡ

新たな「接点」を求めて

そこで協議会のＳＣＭは他のＳＣＭとの「接点」を求め始めたのですが、その「接点」になったのが志布志モデルⅡだったのです。志布志モデルⅡとは、**図Ⅱ・8**のようなものです。㈱さつまファインウッド、伊万里木材市場南九州営業所、外山木材志布志第６工場が主要なプレーヤーとしてつくったＳＣＭです。その目的の１つは国産材スギ２×４材の海外輸出です。概略を説明しましょう。

このＳＣＭのメインプレーヤーはさつまファインウッド（鹿児島県霧島市）です。スギツーバイフォー（ＪＡＳ製品）部材（前掲94頁**写真Ⅱ・3**）を大東建託など国内の大手ツーバイフォー住宅メーカーに販売していますが、その一方で一部をフェンスとして米国へ輸出しているのです。

このフェンス用材を製材しているのが外山木材志布志第６工場であり（**写真Ⅱ・7**）、そこへフェ

写真Ⅱ・7　スギ2×4の粗挽き部材

ンス用製材丸太を供給しているのが伊万里木材市場南九州営業所なのです（**写真Ⅱ・8**）。この3つのプレーヤーでSCMを拡充させたのです。

協議会はこのSCMに着目しました。「接点」ができるのではないかと。SCMのもっている〝本能的な〟感覚ともいえるのではないでしょうか。こうしてSCの〝最大化〟を追究していくのです。この根拠はなんでしょうか。それは資本の増殖にほかなりません。現在の日本は自由と民主主義を標榜した資本主義国です。資本は自らの増殖を求めます。それが産業化の素地であり、ビジネスチャンスでもあるわけです。

それを示したのが**図Ⅱ・9**です。すでに曽於地区森林組合は林産事業で出材されたスギ丸太を外山木材志布志第6工場に供給しているのです。協議会全体としてどのような供給をしていくかは今後の課題ですが「接点」ができたことだけは間違いありません。

写真Ⅱ・8　伊万里木材市場南九州営業所
（トラックが丸太搬入）

さらなる「接点」を求めて

じつは志布志モデルⅢは、さらに発展する可能性を見せています。わが国の大手不動産ディベロッパー三菱地所㈱（東京都港区）などが国産材を使った新建材「配筋付型枠」と低コスト戸建て住宅を供給する新会社MEC Industry㈱を鹿児島県湧水町に建設しました（写真Ⅱ・9）。２０２２（令和4）年春から本格稼働しています。

新会社のメンバー（出資者）の中心は、三菱地所のほか大手ゼネコンの㈱竹中工務店（大阪市）が加わっています（そのほか7社で構成）。各社の得意分野（「いいとこ出し」）を活用して相乗効果の発揮を目指します。２０２２年4月から鹿児島、熊本、宮崎の4県を営業範囲に木造戸建て住宅事業を開始しました。規格型の平屋住宅を本体価格１０００万円程度で提供し、普及を図るというのだから驚きです（写真Ⅱ・10）。

MEC Industry のＳＣＭのスキームは**図Ⅱ・10**のようになります。ご覧のように木材調達の川上から住宅の生産・販売といった川下まで一貫して手がけるのが特徴です。いわば、三菱地所が中心になった垂直型のＳＣＭといえるでしょう。

しかしMEC Industry には今のところ川上で丸太を調達するノウハウがありません。どうしても地域の森林組合や素材生産業者を頼りにしなけ

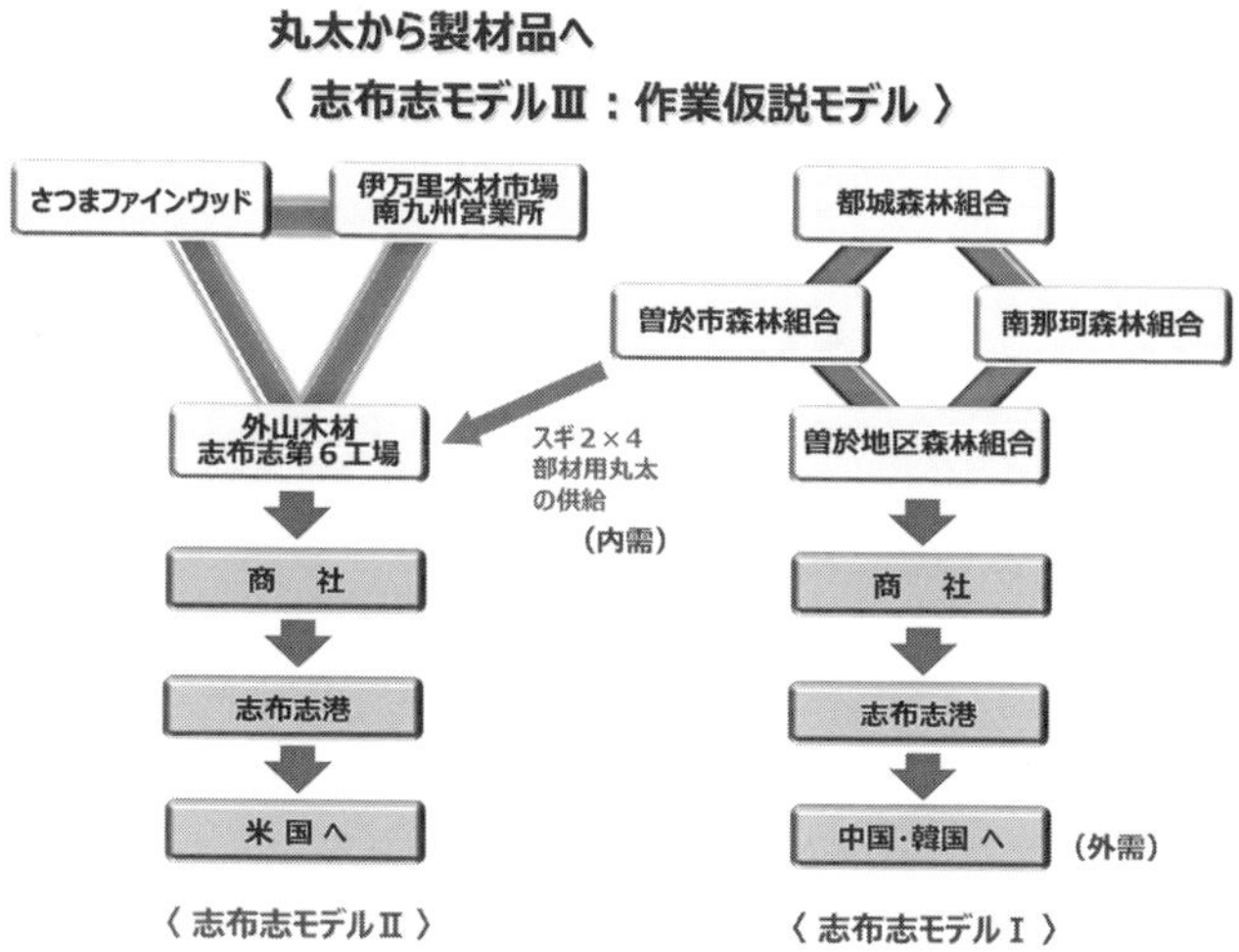

図Ⅱ・9　志布志モデルⅢ（作業仮説）

写真Ⅱ・9　MEC Industry の加工工場

写真Ⅱ・10　MEC Industry が販売する平屋住宅の概観イメージ
出所：MEC Industry

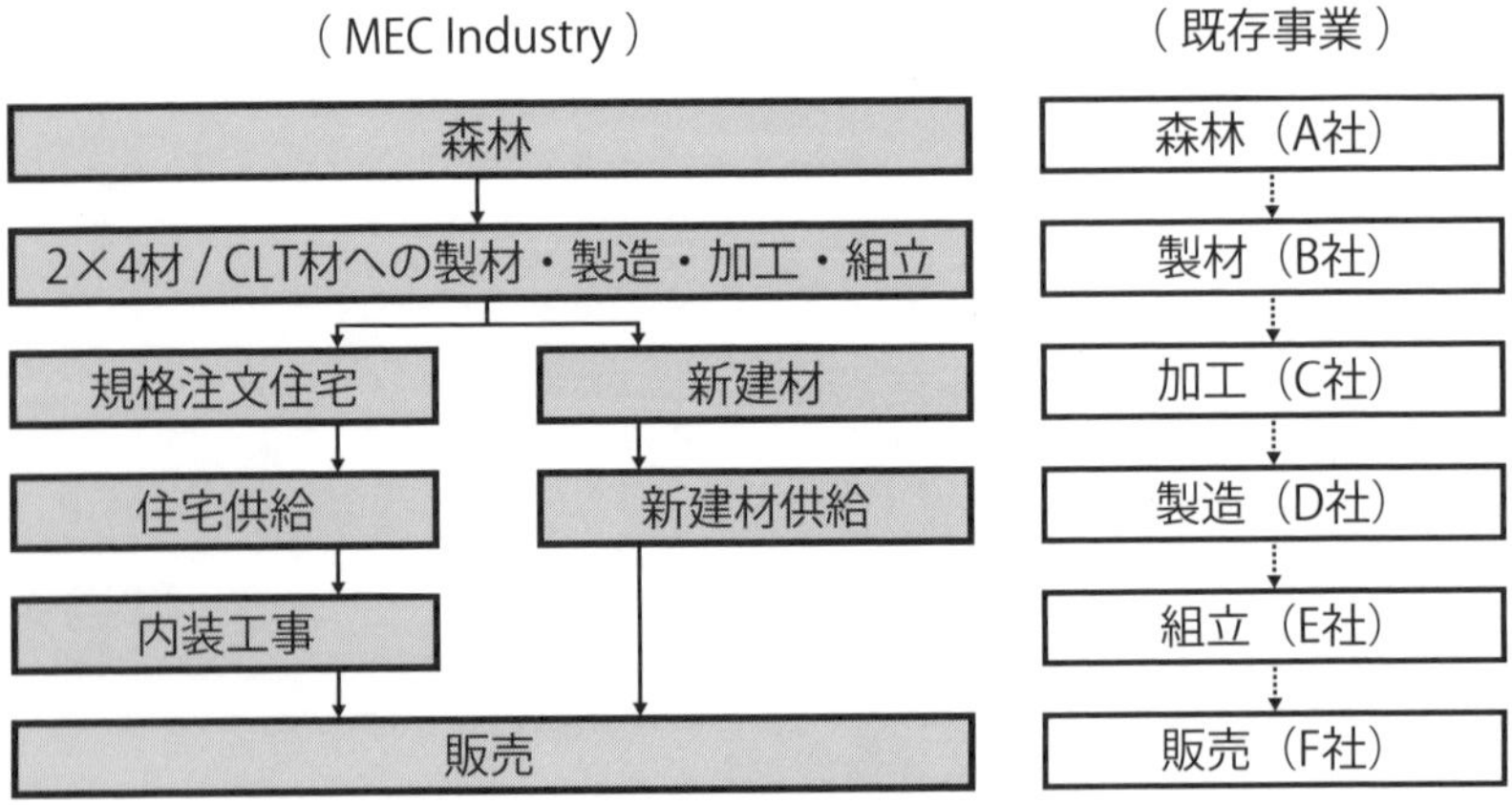

図Ⅱ・10　MEC Industry の目指すビジネスモデル
出所：MEC Industry

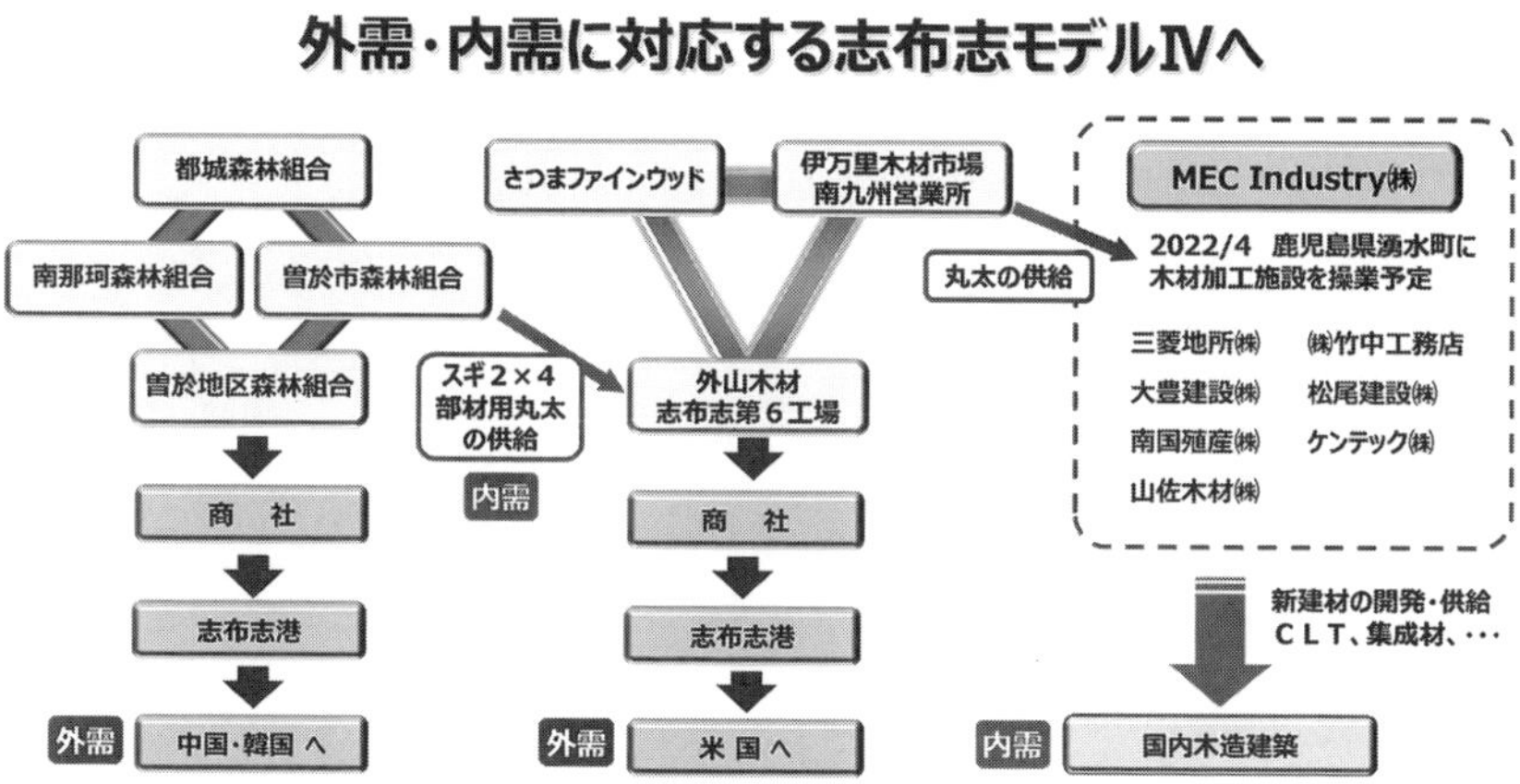

図Ⅱ・11　志布志モデルⅣへ

れば当初のビジネスは展開していません。これこそが志布志モデルⅢとの「接点」なのです。それをイメージしたのが**図Ⅱ・11**です。

事実、MEC Industry は志布志モデルⅡの重要なプレーヤーである伊万里木材市場南九州営業所と鹿児島県森林組合連合会から半々で丸太を買い取ることが決まっています（志布志モデルⅣへの発展）。

「いいとこ出し」で競合を克服

じつは、もっと興味深いことが起こりそうな気配が漂っているのです。住友林業㈱が志布志市に進出することが決まりました。そのプレスリリース（２０２２〈令和４〉年2月14日に公表）によれば、志布志市と住友林業は同市の臨海工業団地に新工場を建設することを検討し始めたとのことです。その内容は「国産材を活用する木材加工工場とバイオマス発電所の建設を検討します。（中略）

2025年の操業を目指します」と謳っており、具体的な国産材ビジネスの全貌は明らかにされていませんが「現在、志布志港から丸太のまま輸出されている木材や間伐材等を付加価値のある製品に加工する新工場の建設を検討」しているという文言から窺えるように、「輸出」がキーワードになっていることは容易に想像できます。これが志布志モデルⅣと「接点」になる可能性は十分に考えられます。

以上、SCMが「生き物」であり、絶えず他のSCMとの「接点」を求めて行動する運動体であることを見てきました。その根拠はSCMの「最適化」にほかなりません、そこには絶えず「協力と競争」が併存することを忘れないでください。SCMは決して馴れ合いではありません。それを克服するのは各プレーヤー同士の「いいとこ出し」だと考えます。そこで以下ではその事例を紹介しましょう。

元祖サプライチェーンマネジメント・森林パートナーズ㈱

QRコードを使ったSCM

スーパーマーケットの食品売場のパッケージだけでなく、キャッシュレス決済などでも私たちの身近に見られるようになった四角いラベル「QR（Quick Response）コード」。もともとは1994（平成6）年に自動車部品メーカーの㈱デンソーが開発したマトリックス型2次元コードです。それまでのバーコードは白黒ラインの幅や並びによって数字や文字を表現していたのに対し、QRコードは平面上の縦横に配置された白黒のドットパターンを用いることによって、格納できるデータが大幅に増加しました。結果、その利便性から国際規格化され世界中に広がったのでした。

このQRコードを使って独自のSCMを構築しているのが森林パートナーズ㈱です。いわば、わが国の森林・林業・木材・住宅産業を結ぶSCM

の元祖とでもいうべき存在なのです。以下ではその実態とＱＲコードの運用・管理の仕方について説明します。

伊佐ホームズ㈱のＳＣＭ構想

森林パートナーズ㈱のＱＲコードを使ったＳＣＭを説明する前に、伊佐ホームズ㈱（伊佐裕代表取締役社長）のＳＣＭ構想とその実践活動を振り返っておく必要があります。というのも森林パートナーズ㈱は伊佐ホームズが別会社として立ち上げた組織、つまり同社と森林パートナーズは一心同体なのです。

伊佐ホームズは東京都世田谷区に本社を置く中堅のホームビルダーです。社員30名のうち設計士が14名もおり、日本の伝統文化に現代的な感性を融合させたデザイン性の高い〝木の家〟を年間20棟前後建てているほか、社寺建築なども手がけています（営業エリアの中心は東京都内）。

埼玉県秩父地域から産出される木材を都心の住宅で利用するために、独自のＳＣＭを構築した草分けとしてその名を知られています。その実績を踏まえ、現在は「森林再生プラットフォームによる林業再生」と「ＳＤＧｓ（Sustainable Development Goals：持続可能な開発目標）の理念に基づく森を育てる家づくり」を前面に掲げた住宅ビジネスを展開しています（ここでいうプラットフォームとは、商品取引や情報配信などを行うための〝基盤〟をイメージしています）。

伊佐ホームズが多くの協力者を得て構築したＳＣＭの〝原形〟とでもいうべきスキームは**図Ⅱ・12**のようになっています。

それでは川上から川下への木材の流れをざっくりと説明しましょう。まず山元で秩父樹液生産協同組合が伐出した原木（**写真Ⅱ・11**）を、秩父郡横瀬町の金子製材㈱に運んで製材・乾燥・修正挽きなどを施し（**写真Ⅱ・12**）、そこから車で30分ほどの距離にある島崎木材㈱・寄居工場に運びプレカット加工されます（**写真Ⅱ・13**）。そのプレカッ

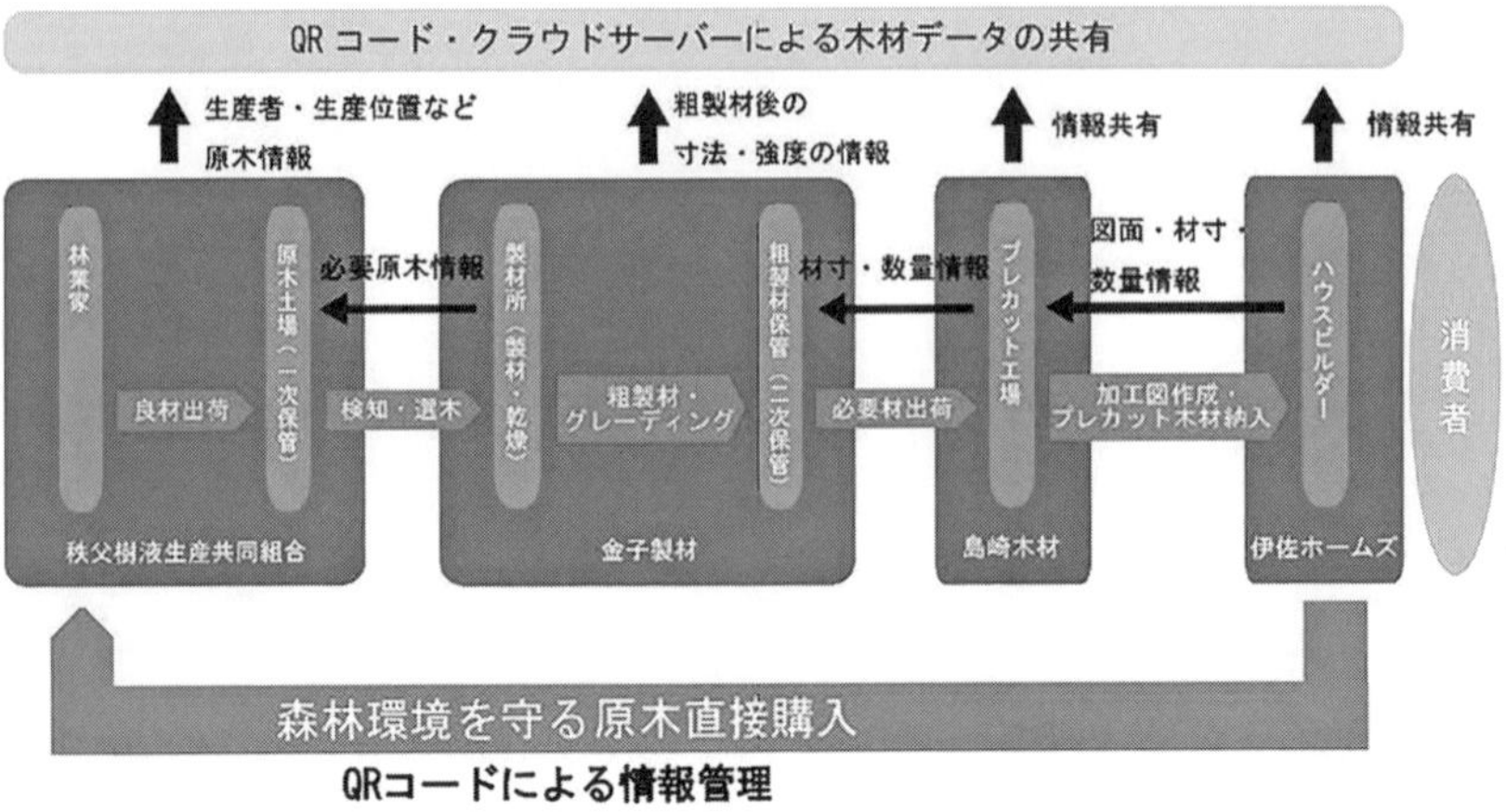

図Ⅱ・12　伊佐ホームズのＳＣＭのスキーム

ト材を伊佐ホームズが住宅用建築材として使用しているのです。

木材流通の効率化を図るため、ＱＲコードとクラウドサーバーを使って木材データを共有できるようにしているのが特長といえるでしょう。

ＳＣＭのメリットを活かして

再造林可能な丸太価格を実現！

ではこのＳＣＭのメリットはなんでしょうか。まず消費者（施主）の立場からすると、住宅を構成する柱や梁・桁など１本１本の素性や履歴（いわば認証です）がわかるということです。一方のＳＣＭの各プレーヤーにとっても、今どこにどれだけの在庫があるのかという流通過程での情報をリアルタイムでつかめ（スマホで流通過程の情報をチェックできます）、見込み発注などのムダを省くことが可能になります。つまり、ＱＲコードとクラウドサーバーを使って、立木↓丸太↓製材品

写真Ⅱ・11
伐採丸太に貼付された
ＱＲコード

写真Ⅱ・12
ＱＲコードが貼付された
スギＫＤ柱角

写真Ⅱ・13
プレカット工場に送られた
スギＫＤ柱角

→プレカット加工→建築現場の木材流通を〝見える化〟し、情報を共有化することが可能になったのです。これまでの説明で読者にはお気づきのことと思いますが、このSCMは建築用材、つまりA材中心の流通です。A材の流通が安定するとB材、C材の流通も安定し、地域材のカスケード利用（カスケード〈cascade〉とは、「a amall WATERFALL, especially one of several falling down a steep slope with rocks」〈『OXFORD現代英英辞典』〉とあるように、階段状に連続する滝のことを意味します）と山元還元が実現することが可能になります。

ところで肝心な点ですが、このSCMのなかで丸太の買取価格はどのようにして設定しているのでしょうか。読者が一番知りたいことだと思います。じつは森林パートナーズでは、立木を販売する森林所有者にヒアリングを行い、伐採跡地の再造林ができる立木価格の情報を蒐集しているのです。もちろん、伐採対象林分にA材がどれだけあるのかを毎木調査し、秩父地域に限らず他地域の伐採跡地の再造林に必要な丸太価格の情報をも集めています。

このようにいうと、丸太価格を相場より高く買うと（現在の丸太価格では再造林は難しいので）、その皺寄せが製材工場やプレカット、工務店に来るのではないかという疑問が湧いてくるでしょうが、そこはSCMの各プレーヤー間でどの工程をコストダウンすれば相場より高い丸太価格を吸収できるのかを協議します（この点が重要です。そして、これこそが国産材業界に決定的に欠けていたのです）。そのため工務店が施主に対して提示する価格はほとんど変わりないといいます。ちなみに、2019（令和元）年時点での秩父産スギA材丸太の買取価格は1万7000円／㎥でした（読者の皆様、「第3次ウッドショック」前の話ですよ！）。

いかがですか。SCMの要諦、つまりSCM全体で利益を最大化するという趣旨が貫徹されていると思いませんか。

森林パートナーズ㈱の設立

この伊佐ホームズが構築したＳＣＭを他の地域でも応用、利活用してもらいたいと考えて設立したのが森林パートナーズ㈱です。同社は２０１７（平成29）年６月に設立されました。資本金は２０００万円、株主は森林所有者、製材工場、プレカット工場、工務店などで、川上から川下に至る事業体がＳＣＭのプレーヤーとして参画しています。

ここでは伊佐ホームズがつくったＳＣＭを「森林再生プラットフォーム」として標準化し、新木材流通コーディネート事業の実施を通じて森林の維持・再生と地域材の活用促進を図ることを目的としています。

森林パートナーズのメイン事業は、ＱＲコードを活用したトレーサビリティシステムを提供して、木材流通の合理化を進めることです。取り扱う木材は、森林パートナーズが認証した意味を込めて「ＳＰウッド」と呼んでいます。「ＳＰウッド」がクリアすべき要件として、次のような事項を定めています。

❶工務店が山元還元を実現する丸太価格で山から直接購入する。
❷合理的で透明なコストと品質を流通過程のチームワークで実現する。
❸生産者の顔と過程が見えるトレーサビリティを実現する。
❹グレーディングにより一定以上の強度（Ｅ70以上）を確保する。
❺乾燥後の含水率は20％未満にする。
❻現場に近く環境負荷が小さい。
❼建て主と森林を育んだ地域との「つながり消費」を実現。

そして、上記の要件を満たした「ＳＰウッド」には全てＱＲコードが貼付され流通過程に応じて情報がトレースできるようになっています（**注11**）。

注11：読者の皆様、いかがでしょうか。集成材工場や合板工場はいずれもＪＡＳ（日本農林規格）を取得していますが、ムクの製材品でＪＡＳを取得している工場は少ないのが実情です。そこでムクの製材品の需要拡大にはＪＡＳの取得が不可欠といわれていますが、私は森林パートナーズのような、いわばプライベート認証もありだと思いますがいかがですか。その際、プライベート認証の根拠を消費者に広く明示することが不可欠であることはいうまでもありません。

「大型パネル」で川下と川上を結びつけるウッドステーション㈱

はじめに

木造軸組構法住宅（在来構法住宅）の現場施工を大幅に合理化し、省力化とコストダウンを実現する「大型パネル」を用いた構法の導入事例が増えています。「大型パネル」は構造材、面材、間柱、断熱材、窓（サッシ）・１次防水シートを一体化させたもので、あらかじめ工場で生産し、施工現場に持ち込むだけでスピーディーに上棟工事まで短時間で完了できます。大工が減少し、さらに大工の高齢化が進むなかで、特に地域の中小工務店にとって大型パネルは生き残りに向けた救世主的な存在になりつつあります。それだけに住宅・木材（国産材）業界にとっても新たなビジネスチャンスとして注目を浴びています。

そこで以下では「大型パネル」の生みの親ともいうべきウッドステーション㈱（千葉市・黒岩征代表取締役社長）をサプライチェーンマネジメント（ＳＣＭ）の視点から紹介してみましょう。

大型パネルとはどんなものか？

ウッドステーション㈱・大型パネル生産パートナー会は「ウッドデザイン賞２０２１」で優秀賞（林野庁長官賞）を受賞しました。「木造大型パネルによる製造・物流・施工の合理化技術」が評価されたのです。受賞の理由は「物件ごとに異なる木造大型パネルの生産効率化のため、情報処理、工場生産、現場生産を一体的に実行する新たなビジネスモデルである。地域材を活用した大型パネル生産と施工も可能で、施工の際の労働力削減で現場の負担を減らすことができる。木造化促進のための社会提案性のある取り組みである」というものです。

そこでなにはともあれ、大型パネルの施工現場を写真で紹介してみましょう。

写真Ⅱ・14、**Ⅱ・15**は大分県佐伯市の大型パネルの施工現場です。時刻は午前10時。すでに運び込まれていた構造材、面材、間柱、断熱材などをクレーンで住宅建築現場に投入していきます。続いて**写真Ⅱ・16**はセットされたパネルです。午後4時になりました。**写真Ⅱ・17**がその風景です。そして午後5時には上棟が完了し施主へこの家の鍵を渡しました。この間、昼休みをはさんで7時間です。

大型パネルのメリットとは？

写真Ⅱ・18は大型パネルの生産工場（福岡県）です。

では大型パネルのメリットとはなんでしょうか。プレハブ構法、木造軸組構法（現状と大型パネル）それぞれの特徴を示したのが**表Ⅱ・4**です。この表からもおわかりいただけると思いますが、大型パネルを使えば、通常２～３日かかる外貼り断熱工事が１日足らずででき、現場の手間が大幅に軽減できるというメリットをもっているのです。

ところで大型パネルが大工の手間を省けるというメリットがあることはわかりましたが、そもそもウッドステーションが大型パネルのビジネス化に踏み切った背景とはなんでしょうか。それを一言でいえば、現在の木造住宅建築がヒューマンスケールを超えていることに尽きます。どういうことかといいますと、住宅部材としての木材にはもともと軽くて加工しやすいというメリットがあり

写真Ⅱ・14
大型パネルの施工現場

写真Ⅱ・15
午前10時・構造材、面材、間柱、断熱材などをクレーンで住宅建築現場に投入

写真Ⅱ・16
セットされたパネル

写真Ⅱ・17
午後４時の状況

写真Ⅱ・18　大型パネルの生産工場

表Ⅱ・4　各住宅工法の特徴

<table>
<tr><th rowspan="2">プレハブ工法</th><th colspan="2">木造軸組工法</th></tr>
<tr><th>現状：現場組み</th><th>大型パネル工法</th></tr>
<tr><td>建築物の一部、またはすべての部材をあらかじめ工場でつくり、建築現場で建物として組み立てる工法</td><td>柱、梁、筋交いなど、木の「軸」を現場で組み立てて建物を支える日本の伝統的な工法、「在来工法」ともいう</td><td>あらかじめ工場において、構造材、面材、間柱、断熱材、窓、さらに一次防水までを一体化したパネルをつくり、現場で建物として組み立てる工法</td></tr>
</table>

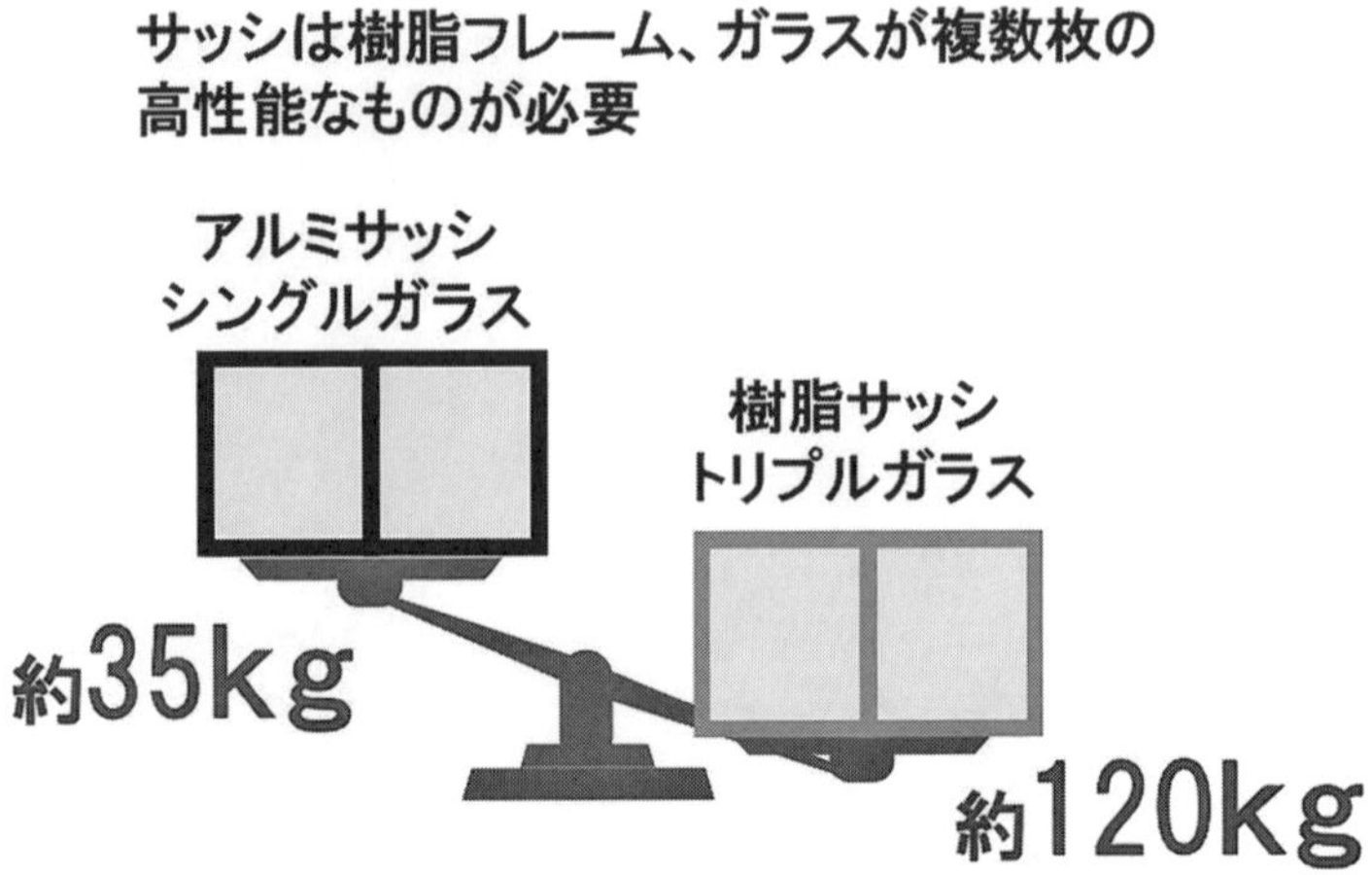

図Ⅱ・13　高性能サッシの採用による重量化

ました。さらにそれに技術開発を加えて難易度の高い建物も建設できるようになりました。しかし、最近の住宅には高断熱性や省エネルギー性が求められます。これを実現するためには、例えば高性能サッシの採用が不可欠になります。アルミから樹脂フレームに切り替え、ガラスを二重、三重にすると当然のことながら重量化してしまいます。じつはこの負担増を現場の大工が支えているのです。１００kgや２００kgもする高性能サッシを施工現場で取り扱うのは人間の仕事の範囲を超えています（図Ⅱ・13）。ヒューマンスケールを超えるというはそういうことです。

しかし、行政も研究機関も断熱や省エネのデータばかり追いかけて、現場を見ようとしないのが実情なのです。そのツケが回ってきて大工不足がますます深刻になりました。こうした現状をなんとか変えなければという思いが募り、大型パネルのビジネス化に踏み切ったのです、というのがウッドステーションの説明です。

けれども施工現場で必要な部材をあらかじめ工場でつくるという点だけ見れば、大型パネル構法もプレハブ構法も同じです。では、両者を分かつものはなんでしょうか。ウッドステーションは次のように説明しています。曰く「プレハブ構法は非常に合理的で、日本では世界に先駆けて普及しました。しかしその後の発展がなく、足踏み状態になっています。というのもハウスメーカーがそれぞれのプレハブ構法を開発し、自社限定のクローズドな技術にしてしまったからです。これでは外に広がりませんし、コストの削減にも繋がりません」と。

オープン構法で閉鎖的ビジネスを打破しよう！

「そこでその閉鎖的なビジネスを打ち破るべく提案したのがオープン構法、つまり同志を集めてSCMを形成するという手法でした。月会費2万円を払って『大型パネル生産パートナー』に入会すれば、誰でも技術やノウハウを利用できるのです。これが新たなSCMのビジネスモデルです。もちろん、これだけ大胆なビジネスを軌道に乗せるためにはそれ相応の初期投資が必要になります。そこで三菱商事建材、テクノエフアンドシー㈱、パナソニックアーキスケルトンデザイン㈱、YKKAP㈱の4社に出資を依頼しました。しかも株主構成も公平かつオープンであることを求めており、1社の持ち株比率は33％を上限にしています。今後住宅市場がシュリンクしていくことが予測されているにもかかわらず、このような企業が出資に応じた背景には大型パネル事業の可能性を大いに評価したことが挙げられます」。

ウッドステーションはさらに付け加えます。曰く「大型パネル事業を通じて得られる成果は木造軸組構法の合理化だけにとどまりません。これから需要が増えていく非住宅市場にも十分応用できます。**図Ⅱ・13**のサッシの重量化対策として、木製サッシにシフトすることなども考えられます。

大型パネル事業の軸足はあくまでも木造軸組構法住宅においていますが、新しいアイディアや技術などは積極的に取り入れ、オープンな場で検討を進めることでビジネスチャンスを広げることができると考えています」。まさにＳＣＭの真髄に迫る考え方ではないでしょうか。

ＤＸが国産材業界に与える影響

特に新しい技術としてウッドステーションが注目しているのがＤＸ（デジタルトランスフォーメーション）です。ＤＸとは簡単にいえば「進化したデジタル技術を浸透させることで人々の生活をよりよいものへと変革すること」です。

今後、住宅市場では情報の重要性がいっそう高まることは必至です。例えば住宅建築現場に住宅部材や建材を搬入するトラックが渋滞して困るという苦情がよく聞かれます。石膏ボードと床材をセットにせずにバラバラに運んでいるために生じる渋滞です。部材や建材を受け取る側から考えて情報を管理していれば、適時適量の納品が可能になり、現場の作業を止めなくともよくなります。こうした仕組みづくりは情報技術の進展で可能になっているのです。ＤＸで効率的な物流に転換することによって商流も変わるのです。この変革は国産材業界にも影響を与えることは間違いありません。

では、ＤＸを推進していくうえでのポイントはなんでしょうか。情報のオープン化にほかなりません。これがＳＣＭを形成していくうえでの不可欠の条件でもあるのです。自分だけのビジネスを考えて情報を独り占めしていても変革は進みません。オープンにして誰でも取り組めるようにすることが求められています。木造軸組構法住宅は地域性が強く（注8）、いわば方言がたくさんあってアナログの巣窟ともいえる世界であるのです。それだけにデジタル化していくのは大変ですが、大型パネル構法の普及に伴って必要なデータが整備されていく可能性は大でしょう。

注8：図Ⅱ・14をご覧ください。九州における野縁、胴縁、破風板のサイズ分布です。狭い九州ですらこれだけのサイズの差があるのです。地域性の違いが明白にあらわれています。

「佐伯型循環林業」の一環として大型パネル事業へ参入

ではＤＸが実際に国産材業界にインパクトを与えている事例はあるのでしょうか？　あります。ここでは「大型生産パネル生産パートナー」の一員である大分県佐伯広域森林組合（戸高壽生組合長　大分県佐伯市。以下、佐伯広域森組）の取り組みを紹介しましょう。

佐伯広域森組は苗木の生産から造林・保育・伐出・丸太の共販事業に加え、製材加工経営を手がけるわが国屈指の森林組合として知られています。こうした幅広い事業を基盤に、伐って植える「佐伯型循環林業」の確立を目指しているのですが、その一環として大型パネルの受託加工事業への参入を２０１７年（平成29）度に決定しました。地元の工務店などからパネル加工と上棟工事を一体的に受注しています（前掲１３２頁の大型パネル建設の**写真Ⅱ・17**は佐伯広域森組が受注したものです）。

大型パネル事業には２０１８（平成28）年度から本格的に取り組みました。ただ当初は不慣れなことも手伝って２０２０年（令和２）度までの３年間の上棟数は17棟にとどまっていました。しかし２０２１（令和３）年度は大きく増え、半期で12棟に達する実績を上げたのです。

なぜ増えたのでしょう？　じつはその背景には「第3次ウッドショック」があるのです。「ウッドショック」で建築用製材品が不足し、それに伴って価格が高騰しました。そこで注目したのが大型パネルでした。換言すれば「ウッドショック」を「ウッドチャンス」の到来と見て、３年間の助走期間を経て一気にブレイクしたというわけです。

ブレイクできた理由についてウッドステーショ

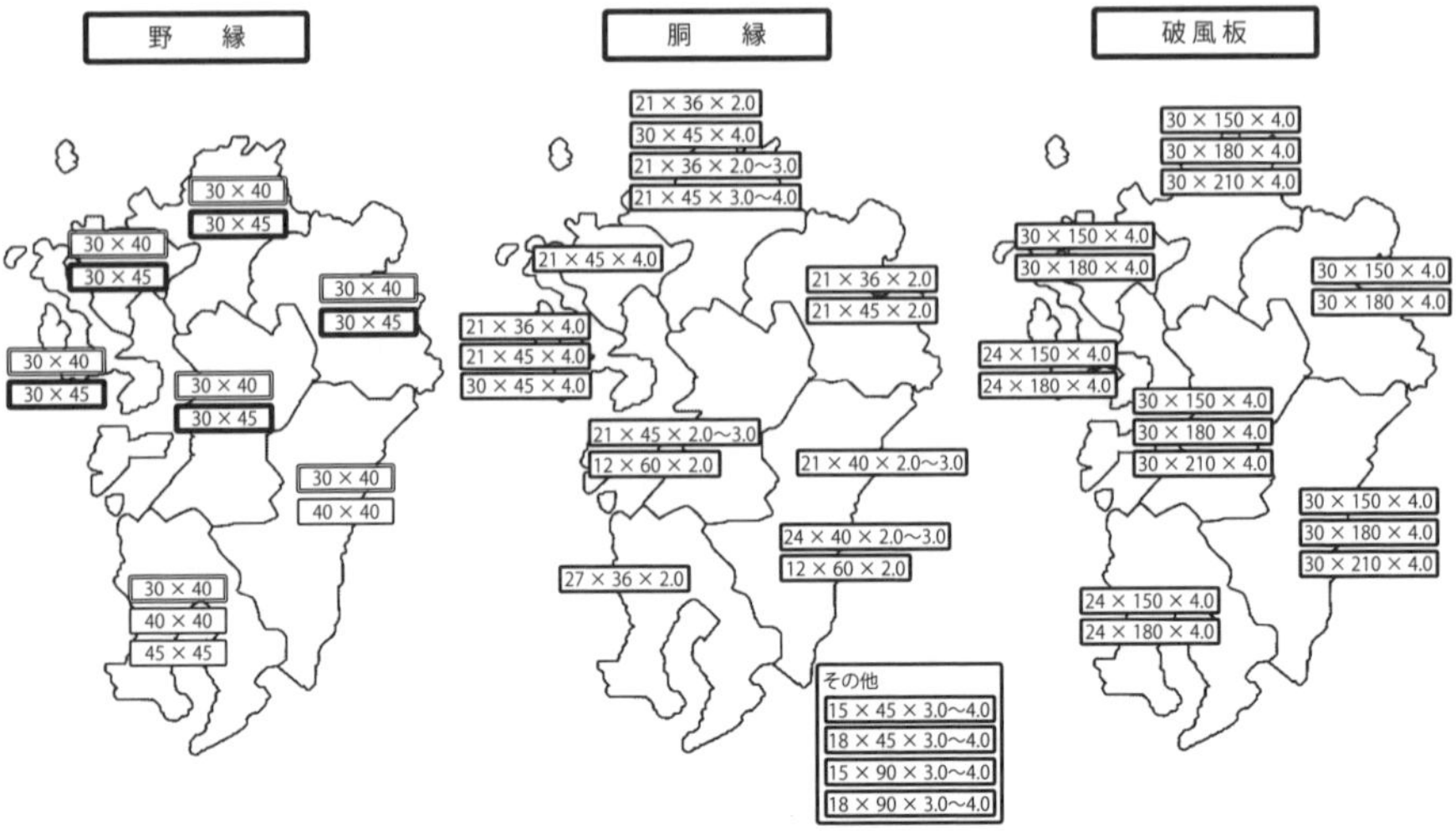

図Ⅱ・14　九州における野縁、胴縁、破風板のサイズ分布

ンは次のような説明をしています。すなわち木材製品の不足は、特に地方の工務店にとって深刻な問題になりました。地元のプレカット工場から調達しようとしても思うように入手できず、特に梁桁類は注文先すら見つからないのが実情でした。その点、大型パネルはサッシも付いているし断熱施工もすぐ行えます。施工現場が抱えている問題をワンストップで解決してくれたのです。それを山側にウエイトを置いている森林組合がやっていることに意義があります。

特に佐伯広域森組の製材工場は、年間のスギ丸太消費量10万㎥超の大型工場を併設・運営しています。ここの製材工場ではスギムクKDの平角を製材しています。平角にはじつに100種類ものサイズがありますが、佐伯広域森組ではそれを常時在庫として抱えています（当然、金利が嵩みますが）。

「第3次ウッドショック」で米マツKD平角や欧州産レッドウッドの集成平角の欠品が相次ぎ、

工務店が悲鳴をあげましたが、この欠品を佐伯広域森組がスギのムク平角（ＫＤ）で代替えできたのでした。しかも単品の納入ではなく、大型パネルの１部材として納入できたところに意義があるといえるでしょう。

コモディティ製品製材の限界

話は前後しますが、佐伯広域森組はなぜ大型パネル事業に参入したのでしょうか。同組合の今山参事は次のように説明します。「佐伯広域森林組合の製材工場では柱や間柱などを量産することによって生産コストは確かに下がっています。その面では価格競争力がついていますが、製品の販売先を大都市圏など遠くに求めざるを得ません。したがって輸送コストや営業費などが掛かり増しになります。その負担が徐々に重くなってきました」。

こうした窮状をウッドステーション側は次のように補足しています。佐伯広域森組の製材工場は柱や間柱などのコモディティ製品を量産することを目指してきました。これは一見効率的で市場参入時には確かに高付加価値があったのですが、同じようなタイプの製材工場が増えると競争が厳しくなります。実際、九州には年間の国産材丸太消費量が５万㎥に達する製材工場が多数立地しており、彼らと同じ土俵で戦っても苦戦するだけです。

そこでもう一度森林組合という原点に立ち帰ってみたらどうかということで大型パネルを提案したというわけです。森林組合の原点とは組合員（森林所有者）の森林の価値を高めることにほかなりません。その森林から出てくる木材をどのように有効利活用していくかがポイントで、目的は柱や間柱の量産ではありません。家づくりに必要な材料をどのように揃えて供給していくかにあるというのがウッドステーションの主張です。つまり、コモディティ製材に特化すると、販売先はどうしても遠方の大消費地になってしまいます。それだけサプライチェーンが長くなって無駄な費用が発生してしまいます。そうではなくてもっと地元に目を向けるべきであろう、というのです（**注9**）。

注9：この考え方には一理ありますが、反対意見もあります。それはコモディティ製品としての国産材製品の安定供給が十分にできていない現状でこれに見切りをつけて他の付加価値の高い製品生産に鞍替えするのはいかがなものかというものです。これまた一理あります。なかなか難しいですね。

今後の課題

以上、佐伯広域森林組合の大型パネル事業の取り組みを紹介しました。では今後の課題はなんでしょうか。じつは1つ大きな課題を抱えているのです。パネルの組み立てやプレカットを県外に依存せざるを得ないのです。つまり大分県内に大型パネル用のプレカットや組み立て工場がないのです。**図Ⅱ・15**は全国の大型パネルの生産工場を示したものです。佐伯広域森組では大型パネルの組み立てを福岡まで持っていかなければなりません。運送コストが嵩みます。これをどのように解決し、より安い価格で大型パネル事業を展開できるのか、これこそが今後の検討課題になります。

（一社）日本木造分譲住宅協会

はじめに

第Ⅰ部で詳述したように、2021（令和3）年3月に起きた「第3次ウッドショック」によって外材製品の入手難が続き、国産材製材品への転換を求める住宅メーカーが増えています。

しかし、これまで築いてきた外材を中心とする製材品の調達ルートを一気に国産材に変えることは至難の業です。それだけにどうしたらいいのか現場には戸惑いや混乱が生じています。

こうしたなかで一歩先を行く取り組みを進めているのが年間約2000棟の木造分譲住宅を供給

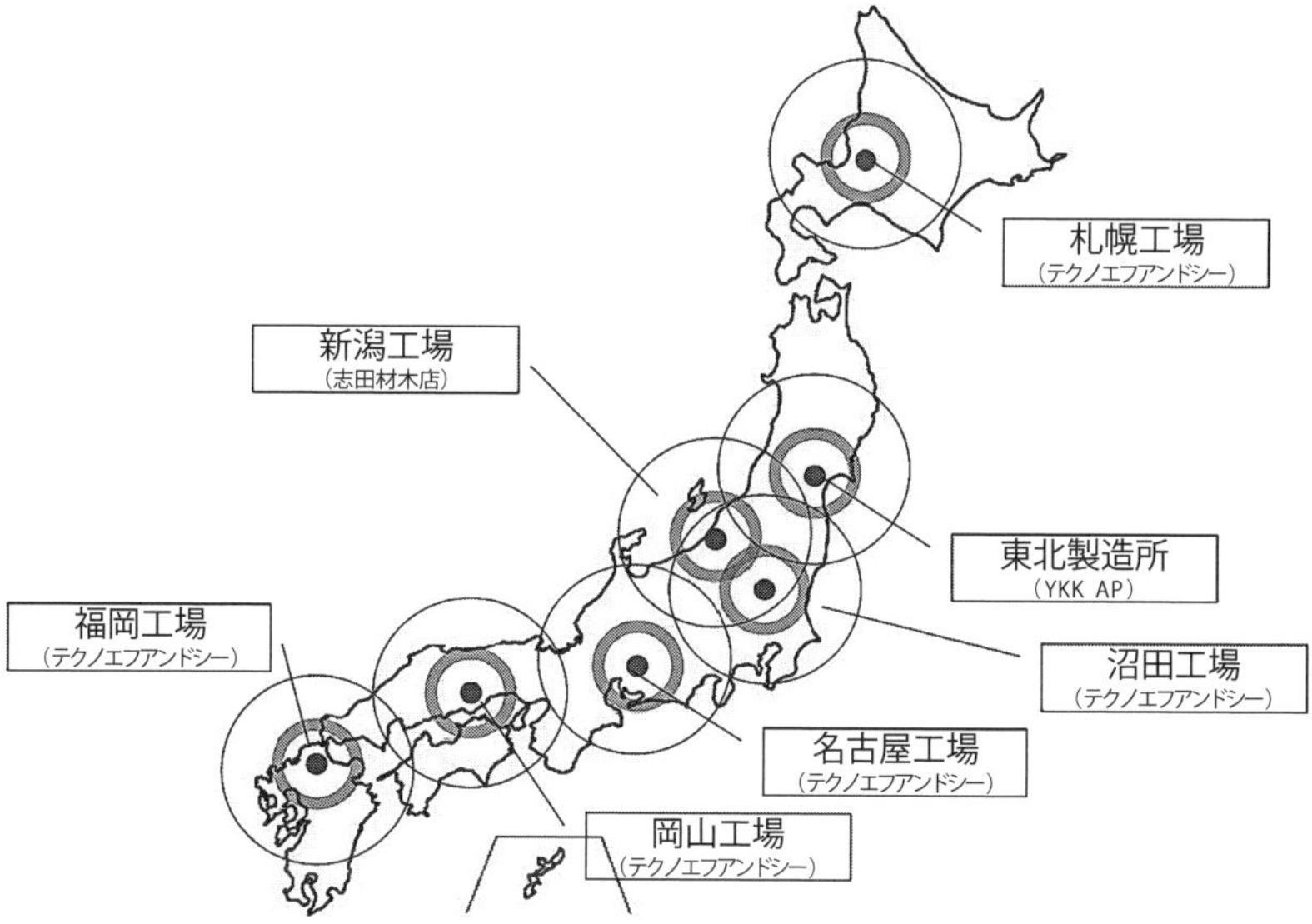

図Ⅱ・15　全国の大型パネルの生産工場
出所：ウッドステーション

している㈱三栄建築設計（東京都）です。同社の使用する住宅部材の国産材率は97％に達しており、２０２１（令和３）年４月13日に同業の㈱オープンハウス（東京都）及びケイアイスター不動産（埼玉県）とともに「（一社）日本木造分譲住宅協会」を設立しました。同協会の設立目的には国産材の利用促進が謳われています。一気呵成に〝国産材シフト〟を進める同社の事業戦略と将来の見通しについてサプライチェーンマネジメント（ＳＣＭ）という視点からアプローチしてみましょう。

国産材使用率が22・5％から一挙に97・4％に

三栄建築設計は東京・首都圏を中心に木造分譲住宅を建設・供給しています。すでに第Ⅰ部で触れたように東京・首都圏の住宅建築では外材が７～８割使用されているといわれています。こうしたなかで「第３次ウッドショック」

が起きる前にすでに国産材の使用率を97％に急増させたことには驚きを禁じ得ません。

図Ⅱ・16は三栄建築設計が建設している住宅の国産材使用率の推移を２０２０（令和２）年12月と２０２１（令和３）年５月で比較したものです。２０２０年12月といえば新型コロナショックに伴う金融市場の下落の直前で、この時点での国産材比率は22・５％でした。ところが、その後わずか５ヵ月後には97・４％に達しているのです（この年月はわが国で「第３次ウッドショック」が発生した直後のことです）。

こうした国産材への急速なシフトについて、住宅・木材業界のなかには「第３次ウッドショック」を予測して国産材を集荷したのではというう穿った見方がないとはいえませんが、それは下衆の勘繰りというものでしょう。

仮に一歩譲って、三栄建築設計が「第３次ウッドショック」の発生を予測して危機感を募らせたとして、わずか半年弱で国産材の比率を97・４％に急増させるのは正直無理でしょう。なんらかの素地があったとしか考えられません。

この点について三栄建築設計の話によれば「以前は外材製品をメインに使っていましたが、段階的に国産材製品への切り替えを進めてきました。２０２０年末の段階で土台や大引きなどの構造材や羽柄材の野縁、合板に国産材を使用することによって国産材率が22・５％になりました。その時点で、強度が必要な梁・桁などの横架材をいかにして国産材化するかが課題になりました。それをスギ、カラマツの集成材で代替えできるようになり、２０２１年5月現在での国産材使用率が97・4％とほぼ１００％近くになったわけです」。集成材を重視した理由は、東京・首都圏の住宅建築は3階建てが少なくありません。というのも集成材を使用すれば構造計算ができるからです。

※延床坪：29.77坪の物件で試算

部位			2020年12月 樹種	使用量	使用割合
構造材	土台		ひのきＫＤ	0.7056㎥	3.71%
	大引き		ひのきＫＤ	0.3528㎥	1.86%
	合板受け		米松ＫＤ	0.2916㎥	1.53%
	管柱		ＲＷＥＷ	3.0925㎥	16.27%
	梁桁	２Ｆ床梁	ＲＷＥＷ	2.8805㎥	15.15%
			米松ＥＷ	0.1134㎥	0.60%
			ダフリカＬＶＬ	0.3780㎥	1.99%
		小屋梁	米松ＥＷ	0.6615㎥	3.48%
			米松ＫＤ	1.8774㎥	9.87%
	火打梁		米松ＫＤ	0.2268㎥	1.19%
	母屋		米松ＫＤ	0.6238㎥	3.28%
	小屋束		米松ＫＤ	0.5292㎥	2.78%
羽柄材	垂木		米松ＫＤ	0.6480㎥	3.41%
	根太		米松ＫＤ	0.0429㎥	0.23%
	筋交い		米松ＫＤ	0.3681㎥	1.94%
	間柱		ＷＷＫＤ	2.0603㎥	10.84%
	野縁		杉ＬＶＬ	1.0000㎥	5.26%
合板	野地合板		杉	0.5981㎥	3.15%
			外材	0.2564㎥	1.35%
	床合板		杉	1.6137㎥	8.49%
			外材	0.6917㎥	3.64%
合計			19.0123㎥		
国産材使用量			4.2702㎥		
国産材使用率			22.5%		

2021年４月 樹種	使用量	使用割合
ひのきＫＤ	0.7056㎥	3.71%
ひのきＫＤ	0.3528㎥	1.86%
杉ＥＷ	0.2916㎥	1.53%
杉ＥＷ	3.0925㎥	16.27%
唐松ＥＷ	2.8805㎥	15.15%
米松ＥＷ	0.1134㎥	0.60%
ダフリカＬＶＬ	0.3780㎥	1.99%
唐松ＥＷ	0.6615㎥	3.48%
唐松ＥＷ	1.8774㎥	9.87%
杉ＥＷ・杉ＬＶＬ	0.2268㎥	1.19%
杉ＥＷ	0.6238㎥	3.28%
杉ＥＷ	0.5292㎥	2.78%
杉ＬＶＬ	0.6480㎥	3.41%
杉ＫＤ・杉ＬＶＬ	0.0429㎥	0.23%
杉ＫＤ・杉ＬＶＬ	0.3681㎥	1.94%
杉ＫＤ・杉ＬＶＬ	2.0603㎥	10.84%
杉ＬＶＬ	1.0000㎥	5.26%
杉	0.5981㎥	3.15%
唐松・ひのき	0.2564㎥	1.35%
杉	1.6137㎥	8.49%
唐松・ひのき	0.6917㎥	3.64%
19.0123㎥		
18.5209㎥		
97.4%		

図Ⅱ・16　三栄建築設計が建設している住宅の国産材使用率の推移
出所：三栄建築設計

国産材シフトへの背景

ところで、三栄建築設計が外材から国産材へシフトした背景にはどのような事情があったのでしょうか。直接的な契機になったのが２０１９（令和元）年の台風19号や最近頻繁に起きる集中豪雨だったといいます。そのため河川が氾濫して被害が目立つケースが増えてきました。三栄建築設計では、この原因の１つを上流の森林の保水機能が低下しているのではないかと考えるようになりました。その背景には伐期に達したスギ林などが利用されずに放置されたままで、森林が本来もっている保水機能などが損なわれているという危機感がありました。

三栄建築設計が住宅を供給しているエリアには多摩川などの一級河川が流れており、もしも大雨で洪水でも起きたら大変なことになります。なんとか手立てはないものかと考えた結果、積極的に国産材を利用し人工林において伐って植えるシステムを構築し、森林を若返らせるべきだという結論に達したのです。時間はかかるだろうが、こうした取り組みを続けることで森林がもつ保水力を向上させると判断したのです。

以上のように、単に外材の入手が年々困難になっているから国産材へ切り替えるといった単純な理由ではなかったのです。まさに「鴻鵠《こうこく》の志」にほかなりません。

ではこうした「鴻鵠の志」は、どのようにして芽生えたのでしょうか。私は住宅メーカーが消費者に一番近い場所に位置しているからだと思います。消費者を巻き込むということは、「消費者の皆さん、日本の森林（人工林）の現状はこうなのです。一緒に森を活性化し、後世に繋いでいきませんか」と提唱することができるのです。

東京・首都圏の住宅ライバル3社でSCM

その後、三栄建築設計では独自の国産材入手システムの構築を手がけ、国産材を入手する仕組みづくりを進めてきました。しかし1社の努力では自ずと限界があります。また住宅メーカーごとに建築資材調達に能力の差があるといわれています。そこで他社との連携が不可欠になってくるわけです。つまり国産材を安定的に入手できるサプライチェーンマネジメントの必要性を痛感したのです。

そこで、2021（令和3）年4月に㈱オープンハウス（東京都に本社を置く総合不動産会社）、ケーアイスター不動産㈱（本社埼玉県）と三栄建築設計で「一般社団法人日本木造分譲住宅協会」を設立しました。ライバル3社によるSCMの誕生です。ライバルでも同士でもSCMの形成は可能です。ライバル同士で競い合いながら互いに向上しSCの利益最大化を目指します。社団法人にした理由は1社だけが利益を上げるシステムではないからです。さらに協会で生じた利益の一部を「山に寄付」（例えば造林用苗木代金の一部を負担）することを目的としたためです。実際、協会では2022（令和4）年6月に秋田県に苗木1万3

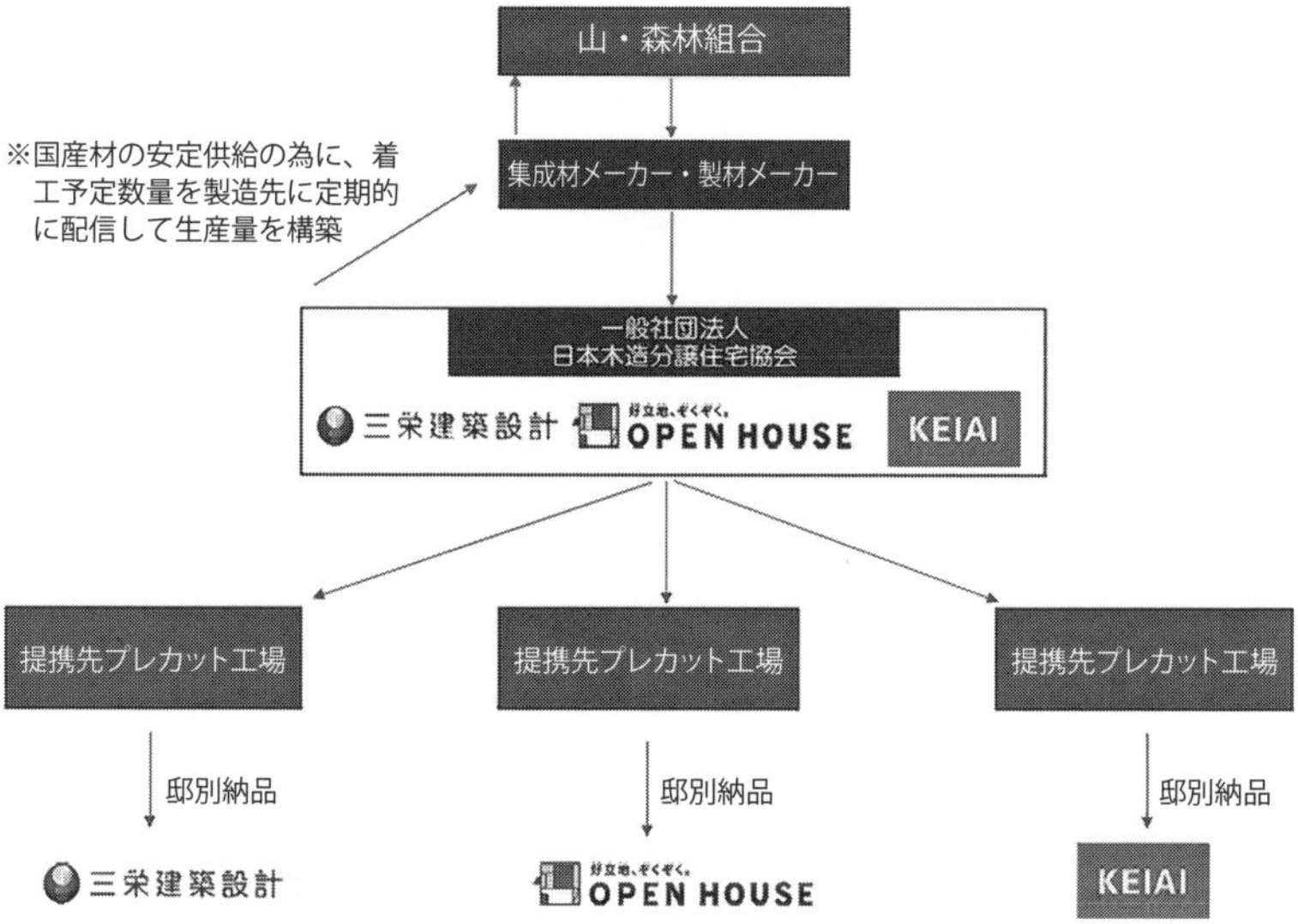

図Ⅱ・17　日本木造分譲住宅協会のスキーム
出所：日本木造分譲住宅協会

５００本を、青森県に１万５０００本、計２万８５００本の苗木を寄付しています。

もう１つ、分譲住宅協会を設立した理由があります。それは分譲住宅が注文住宅に比べるとどうしても低く見られがちということです。そこで分譲住宅の価値を向上させよう。そのためには国産材を多用することが重要だと考えるに至ったのです。

国産材を安定的に調達できるスキームとは？

さて日本木造分譲住宅協会を立ち上げ、国産材を安定的に調達するＳＣＭを形成しました。その全体スキームを示したのが**図Ⅱ・17**です。ご覧のように林業地とつながっている製材メーカーや集成材メーカーからいったん分譲協会が買い上げ、それをＳＣＭのプレーヤーのプレカット工場に販売して最終加工をし、建築施工現場へ配送するという流れになっています。

ところが、このシステムに当初、プレカット会社は難色を示しました。その理由は問屋を介したプレカット独自の流通ルートが崩れてしまい、「中抜き」の流通システムになる恐れがあることです。

ちなみに「日本経済新聞」〈2021〈令和3〉年5月14日付〉はその様子を次のように報じています。すなわち「木材問屋などからは『契約していたプレカットメーカーに卸していた分の利益がそのままなくなる』との困惑の声があがる。需給バランスが急に変動しやすくなるとの指摘も出ている。問屋などの流通在庫は、市場の需給バランスの変化を緩和させる役割を持つからだ」と。

これに対して分譲住宅協会は次のように反論しました。曰く「国産材の供給元にどのような製材品がどれだけ必要とされているのかという情報を正確に伝えるためです。分譲住宅協会3社で年間1万棟以上の住宅を建設しています。その着工予定に基づく発注量を定期的に知らせることで計画的な生産が可能になります」と。

前に紹介した森林パートナーズのSCMの考え方と一脈通じていると思いませんか。それは流通のムダを省くという点もありますが、もう1つ、国産材のトレーサビリティ〈流通経路〉が明確になり、エンドユーザー〈施主〉に対して、どこの木を使っているのか、はっきりと説明することができることです。

SCMは時代の流れ

最後に一言。競争が激しい東京・首都圏の住宅市場で木造分譲住宅を建設しているライバル3社がなぜ分譲住宅協会という組織を設立したのかという疑問が湧き出ることと思います。これに対して三栄建築設計は次のように説明します。曰く「確かに3社はほぼ同じビジネススタイルであり商圏もかぶります。当初は弊社だけで国産材調達ルートをつくろうと検討しましたが、しかしそれでは年間2000棟の住宅需要量しかありません。ライバル企業の3社がSCMを形成することによって年間の需要量は1万棟を超えます。これによって住宅産業界で国産材を利用しようという機運が高まっていくと考えたのです。日本の住宅市場は確実にシュリンクしていきます。しかし生活に不可欠な住宅の需要がゼロになることはありません。まだまだシェアを拡大し、深掘りする余地はあると考えます」。

いかがでしょうか。ＳＣＭは小規模な事業体が連携して形成するものだと考えがちですが、年間建築実績２０００棟クラスのビルダーでもＳＣＭの必要性を痛感しているのです。そしてこのＳＣＭの賛助会員として、㈱ヤマダホームズ、㈱ヒノキヤグループなどが続々参画し、２０２２（令和４）年12月現在の会員数は40社以上に達しています（表Ⅱ・５）。いかがですか。各分野、錚々たる一国一城の主です。ＳＣＭとは小規模なプレーヤーが肩を寄せ合ってつくるものだと思われがちですがそうではないのです。逆にいえば一国一城の主でもＳＣＭのプレーヤーとして参画しなければやっていけない、日本の森林・林業・木材・住宅産業がそんな状況に迫られているということにほかなりません。

表Ⅱ・5　日本木造分譲住宅協会の協会会員数

※2022年12月1日現在の会員数

	会社名	本社	備考
1	株式会社三栄建築設計	東京都新宿区	住宅・不動産
2	株式会社オープンハウス	東京都千代田区	住宅・不動産
3	ケイアイスター不動産株式会社	埼玉県本庄市	住宅・不動産
4	株式会社ヤマダホームズ	群馬県高崎市	住宅・不動産
5	公立学校法人北九州市立大学	福岡県北九州市	大学
6	プロパティエージェント株式会社	東京都新宿区	不動産
7	株式会社ファイブイズホーム	埼玉県行田市	住宅・不動産
8	株式会社タナカ	茨城県土浦市	金物メーカー
9	株式会社タツミ	新潟県見附市	金物メーカー
10	東洋テックス株式会社	香川県高松市	内装材メーカー
11	株式会社 HAMAYA	東京都新宿区	住設問屋
12	朝日ウッドテック株式会社	東京都江東区	内装材メーカー
13	ニチハ株式会社	愛知県名古屋市	外装材メーカー
14	クリナップ株式会社	東京都荒川区	住設メーカー
15	株式会社タカギ	福岡県北九州市	水栓メーカー
16	株式会社 LIXIL	東京都江東区	住設メーカー
17	株式会社山善	大阪府大阪市	住設商社
18	㈱リード・リアルエステート	東京都渋谷区	住宅・不動産
19	野原住環境㈱	東京都新宿区	建材商社
20	永大産業㈱	大阪府大阪市	内装材メーカー
21	ハウスプラス住宅保証㈱	東京都港区	保証会社
22	BX カネシン㈱	東京都葛飾区	金物メーカー
23	オリックス銀行㈱	東京都港区	銀行
24	司法書士法人リーガル・フェイス	東京都新宿区	司法書士
25	YKKAP ㈱	東京都千代田区	建材メーカー
26	㈱日本住宅保証機構（JIO）	東京都千代田区	保証会社
27	ジャパンホームシールド㈱	東京都墨田区	地盤調査会社
28	GIR ㈱	東京都江東区	地盤保証会社
29	（株）MoNOplan（モノプラン）	東京都千代田区	構造設計会社
30	㈱エルハウジング	京都府	住宅・不動産
31	㈱山一建設	東京都福生市	住宅・不動産
32	㈱エプコ	東京都墨田区	設備設計会社
33	住信 SBI ネット銀行㈱	東京都港区	銀行
34	株式会社良栄	東京都新宿区	住宅・不動産
35	トーセイ株式会社	東京都港区	不動産
36	シネジック株式会社	宮城県	釘・ビスメーカー
37	中国木材株式会社	広島県	木材加工メーカー
38	協和木材株式会社	福島県	木材加工メーカー
40	株式会社サイプレス・スナダヤ	愛媛県	木材加工メーカー
41	フジ住宅株式会社	大阪府	住宅・不動産
42	株式会社住宅保証機構	東京都	保証会社

■名称：一般社団法人　日本木造分譲住宅協会
■理事長：塙　圭二（ケイアイスター不動産㈱　代表取締役）
■理事：荒井正昭（㈱オープンハウスグループ代表取締役社長）
　　　榎本喜明（㈱三栄建築設計　執行役員）
■設立：2021年4月13日
■事務局東京都新宿区西新宿1-25-1新宿センタービル32階

あとがき

本書は全国林業改良普及協会刊行の月刊誌「現代林業」の「特集・遠藤日雄に聞くアフターコロナの森林・林業・木材産業のあるべき姿とは」(2021年1月号)、「特集・遠藤日雄に聞く第3次ウッドショックの現状整理と今後の読み方」(2021年9月号)、「特集・遠藤日雄に聞く『第3次ウッドショック』が浮き彫りにした日本の森林・林業・木材産業の課題」(2022年3月号)、「特集・遠藤日雄に聞く『第3次ウッドショック』第3波から今後を読み解く」(2022年9月号)を整理し大幅に加筆したものです。

「第3次ウッドショック」はまだ終わっていません。それだけに「ショック」後の「先」を読み取る作業が難しく、本書の原稿作成では筆が進まず逡巡していたところ、「現代林業」編集部の岩渕光則編集制作部長から「『第3次ウッドショック』のテーマは時事ものとしての性格が強いことから『売り旬』が大事だ。がんばって筆を進めなさい」と尻を叩かれました。また同会の中山聡専務と本永剛士・全国林業研究グループ連絡協議会事務長からも同様の叱咤激励を受けました。

私は「第3次ウッドショック」を「時事もの」として真っ正面から取り上げた林材業関係の雑誌は「現代林業」と「木材建材ウイクリー」(日刊木材新聞社)の2誌だと思ってい

ます。正々堂々とそれに向き合った「現代林業」編集部に敬意を表するとともに、そこに「特集」という形で私の「第3次ウッドショック」論を寄稿でき、また本書を上梓できたことを光栄に思っています。

コロナ禍のなか、思うように現地調査ができないもどかしさがありました（できれば米国調査にも行きたかったのですが）。それだけに「特集」と本書ではできるだけ客観的なデータを蒐集し、それにもとづいて分析・執筆したつもりですが、独りよがりによる間違いや勘違いがないとも限りません。その点読者の皆様の厳しいご批判、反論をいただきたいと願っております。

資料の提供やアドバイスは主として（一財）日本木材総合情報センターの武田八郎さんと佐々木央さんからいただきました。佐々木さんには「特集」や本書の図表の大部分を作成していただきました。この場をお借りしてお二人に謝意を表します。また、田中吉成さんからは北米の木材・住宅市場の動向についての貴重な情報をご提供いただきました。感謝の気持ちで一杯です。

煩雑な原稿整理と校正作業には編集制作部の吉田憲恵さんのお力添えをいただきました。吉田さんとは『「複合林産型」で創る国産材ビジネスの新潮流』および『アフターコロナの森林・林業・木材産業のあり方を探る』（いずれも全林協刊）以来三度目です。お世話になりました。ありがとうございます。

最後に私事で恐縮ですが、私は自他ともに認める亭主関白で仕事以外のことはすべて妻の英子任せでやってきました。結婚してはじめて「ありがとう」と言ったのは2015

（平成27）年2月、私の鹿児島大学教授退官の最終講義の謝辞のときでした。
今回も「特集」と本書原稿の校正では英子の手を煩わせました。照れくさいですがもういちどこの場を拝借して感謝の意を表します。「英子ありがとう」。

2023（令和5）年3月吉日

遠藤 日雄

参考文献

(1) 「特集・遠藤日雄に聞く アフターコロナの森林・林業・木材産業のあるべき姿とは」（『現代林業』２０２１年1月号、全国林業改良普及協会）

(2) 「特集・遠藤日雄に聞く『第３次ウッドショック』の現状整理と今後の読み方」（『現代林業』２０２１年9月号、全国林業改良普及協会）

(3) 「特集・遠藤日雄に聞く『第３次ウッドショック』が浮き彫りにした日本の森林・林業・木材産業の課題」（『現代林業』２０２２１年月号、全国林業改良普及協会）

(4) 「特集・遠藤日雄に聞く『第３次ウッドショック』第３波から今後を読み解く」（『現代林業』２０２２年9月号、全国林業改良普及協会）

(5) 遠藤日雄「シリーズ『第三次ウッドショック』が日本の森林・林業へもたらす影響（１）－「第三次ウッドショック」の大筋」（『山林』２０２１年10月号、大日本山林会）

(6) 遠藤日雄「シリーズ『第三次ウッドショック』が日本の森林・林業へもたらす影響（２）－潮目が変わり始めた『第三次ウッドショック』」（『山林』２０２１年11月号、大日本山林会）

(7) 遠藤日雄「シリーズ『第三次ウッドショック』が日本の森林・林業へもたらす影響（３）－『第三次ウッドショック』で炙り出された日本の森林・林業の課題」（『山林』２０２１年12月号、大日本山林会）

(8) 遠藤日雄「緑の論壇・潮目が変わり始めた『第３次ウッドショック』」（『森林と林業』２０２１年10月号、日本林業協会）

(9)「木材サプライチェーンマネジメントの先進的な事例調査報告書」(2022年3月、日本木材総合情報センター)
(10)「木材建材ウイクリー」(日刊木材新聞社)
(11)「日刊木材新聞」(日刊木材新聞社)
(12)「林政ニュース」(日本林業調査会)
(13)「木材情報」(日本木材総合情報センター)
(14)「現代林業」(全国林業改良普及協会)

著者プロフィール

遠藤日雄
Kusao Endoh

1949（昭和24）年北海道函館市生まれ。九州大学大学院農学研究科博士課程修了。農学博士（九州大学）。専門は森林政策学・林業経済学。農林水産省森林総合研究所東北支所・経営研究室長、同森林総合研究所（筑波研究学園都市）・経営組織研究室長、(独)森林総合研究所・林業経営／政策研究領域チーム長、鹿児島大学農学部教授、同附属演習林長を経て現在に至る。

2005(平成17)年林業経済学会賞（学術賞）受賞。国土交通省国土審議会専門委員、南日本新聞社客員論説委員、林業経済学会評議員、日本森林学会評議員、(財)林政総合調査研究所理事、東京大学大学院非常勤講師、奈良県森林審議会委員、大分県森林審議会委員などを歴任。

現在NPO法人活木活木(いきいき)森ネットワーク理事長、高知県立林業大学校特別教授、(一財）林業経済研究所フェロー研究員、(一社)日本木材輸出振興協会理事、全国森林組合連合会間伐材マーク運営・認定委員会委員（委員長)、林野庁中央国有林材安定供給調整検討委員会委員（委員長)、九州森林管理局国有林材供給調整検討委員会委員（委員長)、九州地区木材需給情報交換会委員（委員長）などを務めている。

主な著書に、『丸太価格の暴落はなぜ起こるか－原因とメカニズム、その対策－』（全国林業改良普及協会)、遠藤日雄他編著『山を豊かにする木材の売り方　全国実践例』(全国林業改良普及協会)、『木づかい新時代』（日本林業調査会)、『「複合林産型」で創る国産材ビジネスの新潮流－川上・川下の新たな連携システムとは』（全国林業改良普及協会)、遠藤日雄・餅田治之編著『「脱・国産材産地」時代の木材産業』（大日本山林会)、『アフターコロナの森林・林業・木材産業のあり方を探る』（全国林業改良普及協会）など多数。

装幀　　野沢 清子

「第３次ウッドショック」は何をもたらしたのか
木材価格、林業・木材・住宅産業への影響とゆくえ

2023年３月30日　初版発行

著　者　　遠藤 日雄
発行者　　中山　聡
発行所　　全国林業改良普及協会
〒100-0014　東京都千代田区永田町1-11-30　サウスヒル永田町５Ｆ
電話　03-3500-5030（販売担当）
03-3500-5031（編集担当）
ご注文FAX　03-3500-5039
webサイト　ringyou.or.jp

印刷・製本所　奥村印刷株式会社

Printed in Japan　ISBN978-4-88138-444-2